Bakery Design

烘焙工坊

[希] 阿萨纳西奥斯·措克斯
(Athanasios Tzokas) / 编
郭庚训 / 译

烘焙工坊
Bakery Design

广西师范大学出版社
· 桂林 ·
images
Publishing

目录

引言

01

阿萨纳西奥斯·措克斯

阿萨纳西奥斯·措克斯出生在希腊的卡拉马塔，自幼在父亲的建筑设计室里长大。他18岁时，就读于意大利的基耶地-佩斯卡拉大学，并于2006年以优异的成绩载誉毕业。之后回到希腊服完兵役后，他便接管了父亲的建筑设计室。其专业领域涉猎广泛，从室内设计、建筑设计到大型的住宅群设计，涵盖了建筑行业的方方面面，他同时还精通平面设计。

现代餐厅场所

由于社会不断发展、进步，食物作为必要的消费品，已然演变为一种社交手段，而餐厅也因此转变为密集的社交空间，顾客开始在此交流，并购买食物。用餐场所也随着食物的制作和消费习惯的变化而形成，并在不同的文化里、不同的时刻有着不同的表现。现如今，这种习惯发生了根本性的变化。在社交媒体时代，食物的购买方式转变为在线消费，现代的人们所消费的不仅仅是食物，还有社交媒体中展示的图像。他们把食物照片上传到社交媒体，并将其视为饮食过程中不可或缺的一部分。

这些变化带来了改变现代食品准备区和饮食区域的必要性，以满足数字化时代顾客的新需求。(图01、02)

烘焙店现象

就食物制作空间而言，本书将着重介绍面包的制作空间——烘焙店。烘焙店的历史可以追溯到罗马帝国时代，多年以来，对其类型学的研究也发生了翻天覆地的变化。今天，随着数字化的影响，我们正处于烘焙店设计的新时代。

自古以来，面包一直是众多国家最基本的食物之一。后来，面包的制作和消费被认为是文明的组成要素。知晓小麦文化——收割和面包制作的人们，被认为是文明开化之人，而食肉者则被认为是“野蛮人”。

随着美食文化的逐渐发展，烘焙产品的价值开始不断增加，种类也越来越多。面包不再是烘焙店里唯一的消费产品，多种多样的烘焙产品、甜食、咖啡和其他饮品也同样在售。

01 摄影：约翰·莫尔加多
02 摄影：扎克·霍恩
03-04 摄影：Ströck

02

03

同时，面包的种类也更适合不同顾客的品位和需求。因此，这些美味而健康的面包怎么能在一个没有任何设计和装饰的烘焙店里呢？

街区的烘焙店已然是出售各种产品的销售点，但仍是人们在城市中短暂停留的地点。因此，烘焙店逐渐融合了传统烘焙店、杂货店和咖啡馆等类型的场所的多重特点，成了一个舒适的待客场所。

许多烘焙店甚至被设计成非常诱人的空间，使其内部充满吸引力。这种情况在本书的所有案例中都有所体现，甚至有的案例中，烘焙店或甜品店已经不再局限于单一的形式，而是融合了如酒吧或餐厅等形式。

例如，奥地利的 Ströck Feierabend 烘焙店（图 03、04）就是一种创新形式，它白天是一家烘焙店，晚上则是餐厅和酒吧。

04

05

06

图 05~06 的将将甜品店是一家法式甜品店，到了夜晚，店铺的屋顶和周围建筑物就可以形成一个酒吧了。

经济形式的影响

由于经济衰退，许多企业都面临着破产、对未来感到绝望和被迫减少餐饮场所的困境。与此同时，欧洲出台了新的经济计划政策，鼓励公民创立自己的企业，通过商业灵活性来增强就业。因此，虽然没有特定的经营计划和目标群体，自助餐厅和烘焙店还是像雨后春笋般流行开来，即使是在消费群体有限的地区也是如此。在这些“冒险家”中，绝大多数并没有获得良好的结局。但是，通过这样的市场发酵，“幸存者”意识到了唯一的解决方法——将高品质产品与精美的设计空间组合在一起。

设计就是解决方案

面包及其衍生品一直是消费者所熟悉的主食之一。但是烘焙店还应该保持一种消费者所熟悉的形式，以便能够立即被现代消费者所认出吗?

新的时代要求不仅取决于消费品和消费者需求的变化，还取决于现代社会经济条件的变化，由此导致烘焙店需要被重新设计。

因此，建筑师和设计师需要设计一个新的场所，可以生产烘焙食品并满足不定期消费。考虑到现代烘焙店的多重特性，新型的烘焙店应该满足多方面的需要，从生产流程到产品推广，直到最终消费。同时，建筑师和设计师应该寻找一个恰当的方式向公众宣传公司，包括创建统一的企业形象和标志。

那么，首先需要明确以下几个问题:

07

08

05-06 摄影：陈颖
07 摄影：隐岐池内
08 摄影：马克斯·梅祖利斯

• 哪个产品能够代表本店？哪些产品是主打产品？

• 我们的目标群体是谁？我们想让顾客在店里停留多久？

• 接受订购时才开始制作产品还是预先包装好？

• 是否希望客户能够跟踪产品的制作过程？

• 客户是在柜台购买，还是工作人员提供餐桌服务？

• 是否提供送货服务？

• 在白天，店铺里的人员配备是什么样的？

生产区

最初，生产区是烘焙店内唯一的空间。从现如今观察到的变化来看，生产区通常以实用特性为主，并在顾客视线范围之外，就像一个实验室一样。因此，过去在店内占据主要位置的传统烤箱已经被移到了后厨，这样的设计释放了很多空间，从而可以展示和推销更多的产品。

然而，在某些店铺中，烘焙产品的生产过程以更独特的方式呈现在消费者面前。例如，由07BEACH 公司设计的位于越南胡志明市的芝士蛋挞店（图 07），消费者在楼梯形状的入口处即可看到生产区域。工作人员直接在展示台上操作，顾客进入店铺时就可以看到他们。

由 Ciguë 设计的位于法国的 Pain Paulin 烘焙店（图 08）也是这样的例子，其操作间面向街道和城市开放，人们可以直接看到生产过程。

09 摄影：fragments.cat
10 摄影：扬启斯·法伊
11 摄影：艾泰金·德米尔吉奥卢
12 摄影：I IN
13-14 摄影：约翰·莫尔加多

产品展示区

在新一代的烘焙店中，商品的展示与生产同样重要，这是因为产品形象是向顾客销售的另一件“商品”。

商店提供各种各样的烘焙产品，并将它们展示给消费者，生产与展示的结合不仅提高了竞争力，还将简单的烘焙店转化为“珠宝店”，使得百吉饼、松饼和乳蛋饼等产品看起来就如同玻璃柜里的珠宝一样。这种变化引入了空间装饰的新元素，例如陈列柜，也为烘焙店的设计创造了新的需求。

商店产品整齐地摆放在橱窗里，尽可能地吸引顾客。设计为产品的展示和推广提供了解决方案，因此，材料、色彩和照明是突出产品质量的重要设计工具。

由 Arnau estudi 建筑公司设计的位于西班牙的 Ferrer 巧克力烘焙店（图 09）和 Manousos Leontarakis 公司设计的 Savoidakis 烘焙店（图 10），其产品都是以玻璃陈列柜进行展示的。另外，Zemberek 公司设计的位于尼尚坦石的外婆咖啡烘焙店（图 11）和 I IN 设计的位于日本的 PINOCCHIO 烘焙店（图 12），其陈列柜也都是开放式的，尽可能地拉近产品和消费者之间的距离。

消费区

随着之前文中所提到的变化和现有产品的增加，消费者需要更长的时间去了解商店产品。这就需要增加室内空间，或者餐桌、餐椅，从而延长消费者在商店的停留时间。

烘焙店的新增功能区，即消费区，可能是相比过去传统的面包店最重要的差异表现。根据消费过程对营销的重要性以及顾客期望停留的时间，消费区域可能在规模和氛围上有所变化。在一些案例中，消费区仅以柜台的形式呈现，占据了很小的空间，以此缩短消费者的购买时间。而在另一些案例中，消费区的形式是大型座椅，类似自助餐厅或餐馆。后者的停留时间更长，提供的商品也不仅仅是零食或糕点。在这种情况下，通过改变不同用餐场所之间的界限，现代烘焙店已经扩展至快餐店甚至饭店的类型。

这种设计在本书的许多案例中都有所体现，其中之一是葡萄牙的 Paulo Merlini 烘焙店（图 13、14），其消费区域是整体设计中

13

14

15

15 摄影：艾泰金·德米尔吉奥卢
16-17 摄影：洛唐建筑摄影
18 摄影：失野纪行
19 摄影：The Strangely Good公司
20 摄影：Hey! Cheese工作室

最主要的部分。设计公司为这家店创造了三种不同的消费环境，使顾客能够选择最适合自己心情的空间，让其感觉更舒适。

创建烘焙店形象

企业的形象也应该通过商店本身的设计和架构变得独特且具有竞争力。创造和维持独一无二的商业形象，必须符合店主预期，并通过有限的预算来实现，这样的处理方式才是成功的关键。企业形象可根据独特的建筑元素来定义，将该元素运用在设计中，并将该空间与已存在的其他空间区分开来。

实现烘焙店设计的另一种方法就是让顾客有宾至如归的感觉。使用木材或大理石等天然材料来营造更加亲切的环境，可以吸引顾客，并提升舒适感。

位于西班牙的 Patisserie III 烘焙店中（图 15），ideo 公司采用了一种艺术设计：在天花板上悬挂 12 000 多根粉红色木棍。这处具有强烈特色的装饰既能与店内拥有 150 年历史的墙体相互搭配，又能创造出独特的烘焙店形象。

位置和可见性

在设计中，另一个要考虑的重要因素就是烘焙店在城市中的位置、规模和功能。市区房租日益增加，迫使年轻的企业家选择较小的店铺，或者离市中心较远的地点。

16

17

18

即使是小规模店铺，设计上也应该在有限的空间内满足上述要求。运用独特、灵活的解决方案，使环境舒适，同时满足生产制作、产品展示和顾客接待等基本要求。在小型商店里，应该保证空间的质量，而非数量。

在本书中可以看到许多20~60平方米的小空间，例如白礼盒（图16），“树”工程（图17），Tôt le Matin Boulangerie烘焙店(图18)和Suzette烘焙店（图19）。成舍公司所设计的烘焙·家（图20）也是一个小规模项目的例子。店铺的实际面积仅为22平方米，内部高约4米。由于空间的限制，设计师将专业厨房置于中岛后方类似屋中屋的玻璃盒中。

商店在城市中所占的位置当然是决定企业成功的重要标准，但一个引人注目的商店也可以在任何社区里创造吸引力，增加曝光度。

19

20

即使不在城市中心，商店也应当能够抓住消费者的眼球。吸引消费者注意到店铺并产生“哇”的效果是设计的目标。无论是建筑空间还是色彩装饰，增加施工成本并不是唯一的解决方案，很多时候，非传统的解决方案才是最佳选择。简而言之，设计需要胆量。

总结

食物，特别是烘焙产品，除了作为必需品之外，也同样是社交手段。在其生产和消费过程中产生的变化，正逐渐被消费大众所认可，而这些变化能够影响的仅仅是大众的消费空间。

随着数字化时代的到来，用餐场所的设计迎来了新时期的曙光。品种繁多的商品、独特的企业形象、流行的新型美食模式以及社交媒体对形象优势的影响，使得曾经熟悉的用餐场所的模型已经无法满足现代的要求。而唯一的解决方案是重新设计它们。

此外，生产过程和商品供应的变化导致烘焙店销售的商品数量不断增加。面包不再是销售的主要产品，而是与各种糖果、糕点和饮品并存。由于这些产品种类繁多，展示和推广给消费者已经变得更加迫切。

由于烘焙产品的制作方法发生改变，再加上客户对产品形象愈加重视，烤箱逐渐搬离烘焙店的主区域。消费者所能看到的不再是商品的准备过程，而是做好之后的精美展示。如今，烘焙店给人的印象更像是一家“珠宝店”，而不是街坊面包铺。现代商店干净、整洁，远离混乱、喧嚣，在各个方面都与传统烘焙店截然不同。

如今，烘焙店对设计的需求比以往任何时候都更加迫切，而最有效的设计——新式混合类型逐渐被认可，在很多案例中，烘焙店与食品杂货店、咖啡馆，甚至是餐馆相“结合”。这种新型烘焙店致力于为消费者提供各种各样的商品，并将其精美地展示出来，以尽可能多地吸引顾客，同时，也为过往的路人提供舒适、温馨的环境。

许多烘焙店不再位于市中心，更多的是位于隐蔽的街区之中，这也是为什么必须建立一个独特且具有竞争力的企业形象的原因了。企业形象的建立不仅是需要高质量的商品，还需设计一个温暖舒适的店铺环境。通过适当的设计，将企业形象和商品呈现给公众，吸引消费者尽可能长时间地停留在店里。

通过恰当的设计方案，并合理利用公众所熟悉的材料，建筑师和设计师可以为员工和消费者提供适宜的环境，以满足当代人们的需求。每种设计选择和经过深思熟虑的需求解决方案都会影响整体客户吸引力，并最终影响企业的成功。

ne artigianale

案例赏析

诱人的巧克力世界

- **项目名称**
  Ferrer 巧克力烘焙店
- **地点**
  西班牙，奥特罗
- **面积**
  240 平方米
- **完成时间**
  2015
- **室内设计**
  Arnau estudi 建筑公司
  （阿尔诺·贝赫斯·特赫罗）
- **摄影**
  fragments.cat 公司
  （马克·托拉）

这个项目是对专营巧克力蛋糕、甜点、馅饼和饼干的烘焙坊进行重新装修。为了创造一个完全专注于巧克力的空间，设计师不得不重新装修这座旧的建筑。这是巧克力制造商乔迪的甜蜜梦想，设计师必须投入情感，以隐喻的方式去完成设计，同时又不能失去幽默感。他们必须以对待制作复活节蛋糕和火鸡那样的态度和感情去对待这个项目！

设计师们进入了梦里，渡过了桥，把所有的烦恼抛之脑后，并且开始相信幸福。熔化的巧克力的香气不断地从厨房飘出，继而浓缩在店里出售的美食中。设计师在地下室里品尝着甜美的食物，渐渐忘却了这里原来是一个用来腌制鳕鱼的老仓库；久等点心不来，设计师不禁走上楼，进入厨房，当光线洒满楼梯的那一刻，他们遇到了乔迪，他向设计师解释了为什么所有的一切都让他如此快乐。

在由天使雕像保护的广场上，设计师看到这家店的外立面，那是制作巧克力所用到的巧克力瓷砖模具。立面的背后，有一个垂直的空间连

接着建筑的五个楼层。这种布局是通过楼梯和其产生的视觉感，以及垂直连接三个低楼层的通行间隔来实现的。

在这个项目中，从室内布局到餐厅的椅子，再到巧克力瓷砖模型，所有的东西都是经过特别设计的。

la moda

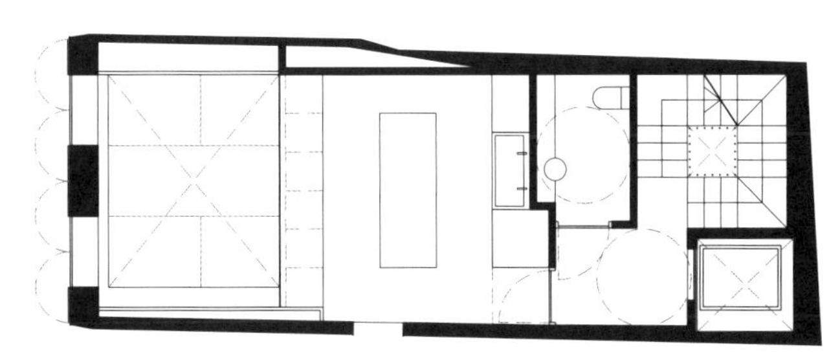

二楼平面图

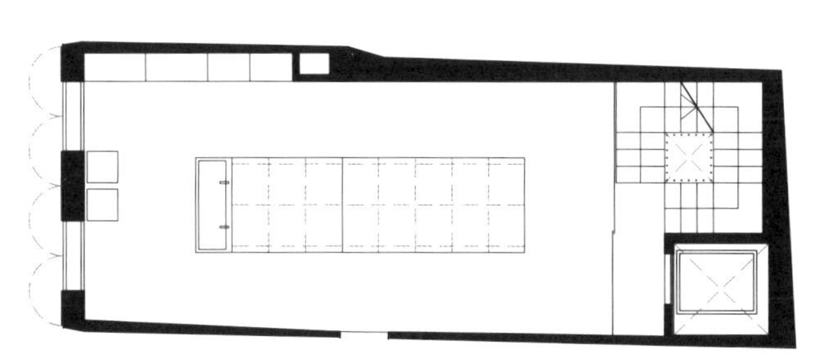

三楼平面图

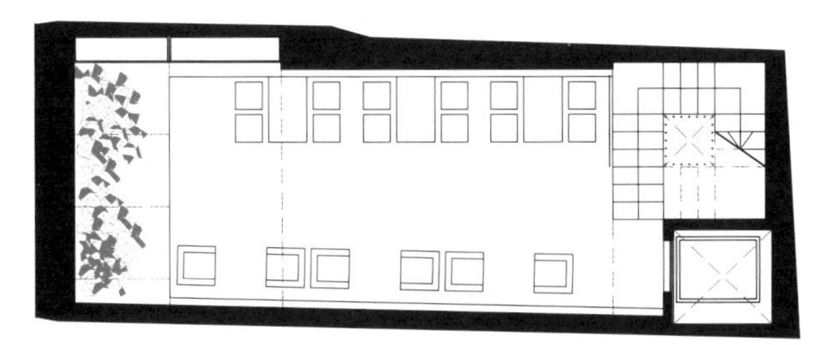

地下室平面图

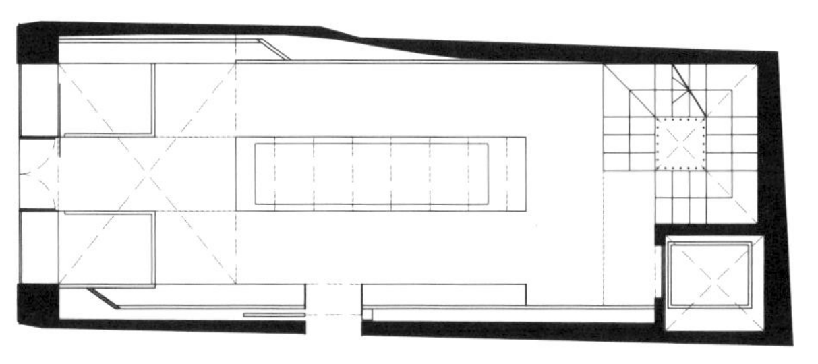

一楼平面图

Mai no trobaràs una excusa
per no menjar xocolata

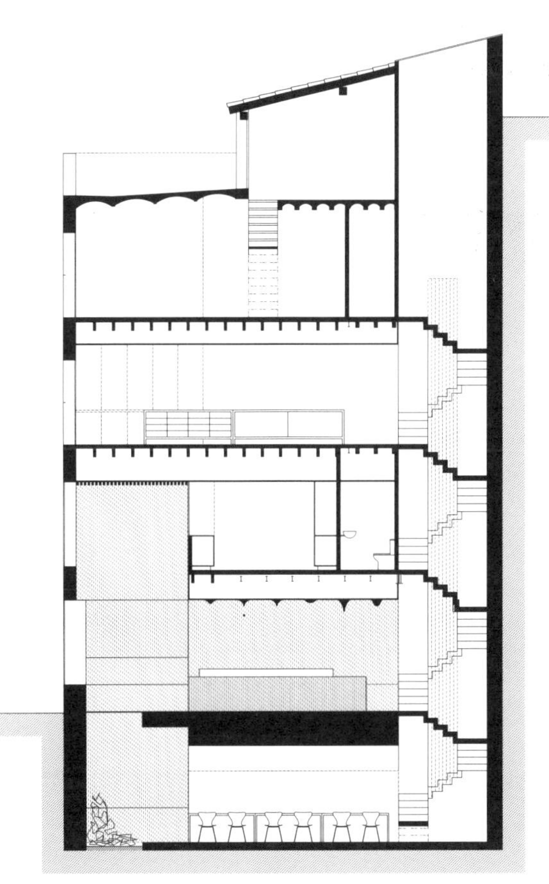

剖面图

古希腊式的传统复兴

- **项目名称**
  Lalaggi 烘焙店
- **地点**
  希腊，卡拉马塔
- **面积**
  68 平方米
- **完成时间**
  2016
- **室内设计**
  TZOKAS 建筑公司
- **摄影**
  阿萨纳西奥斯·措克斯，
  亚历克斯·帕帕耶奥尔尤

这个店面设计背后的核心理念，源于对古希腊传统杂货店的复兴，以及对比现代世界的极简主义。传统家具与相互拼接的简单平行四边形图案之间的结合弥补了这种差异。古老的木材、手工制作的家具、天然的材料与漆木、玻璃制成的锋利表面、四面发光的蓝色墙壁形成了鲜明的对比。

这种混搭并不妨碍材料之间的使用与搭配，同时也不阻碍员工与顾客之间的交流，因为他们之间并没有物理上的障碍，而仅仅是由手工水泥瓦拼接的几何图案所形成的一个抽象性的界限。

除了店内古希腊式的贮藏室外，多层抽屉也充当了面包和甜点的展橱，展示了未加包装的产品，方便顾客自行挑选。相应地，工作台下方藏有第二层展示区域，加大了空间利用率，限制了咖啡机的占用空间，形成了一个小型酒吧。

店内照明则是重中之重，所以店主比较重视照明装饰，力图将最好的产品完美地呈现在顾客面前。

中岛餐桌是房间内主要的吸引力，是唯一一个对角放置的家具，可以在周围轻易地移动，同时也可以吸引顾客的目光。

由于该商店与外部路面有 80 厘米的高度差，仅有部分店面略高于地面，因此，设计师将高脚餐桌与滑动玻璃相结合，为店内顾客和店外游客提供了一个很好的视觉景观。

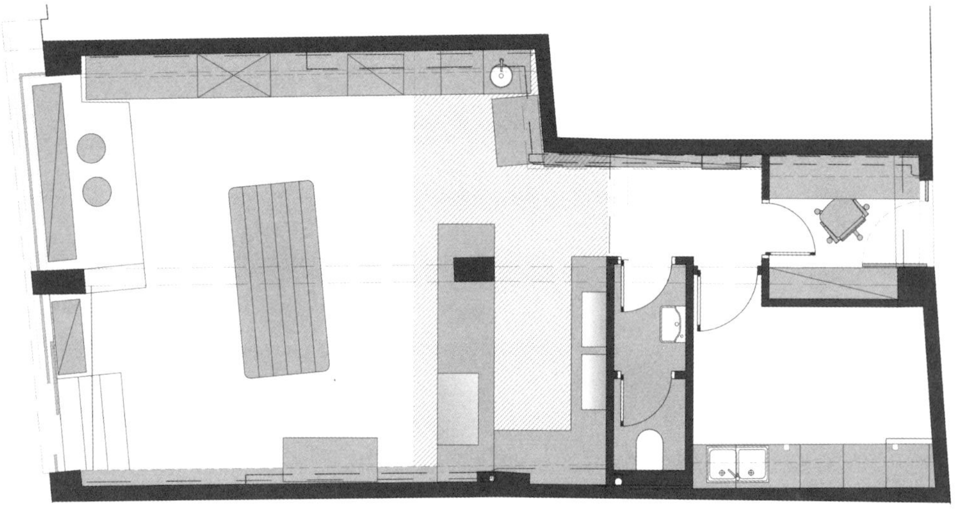

平面图

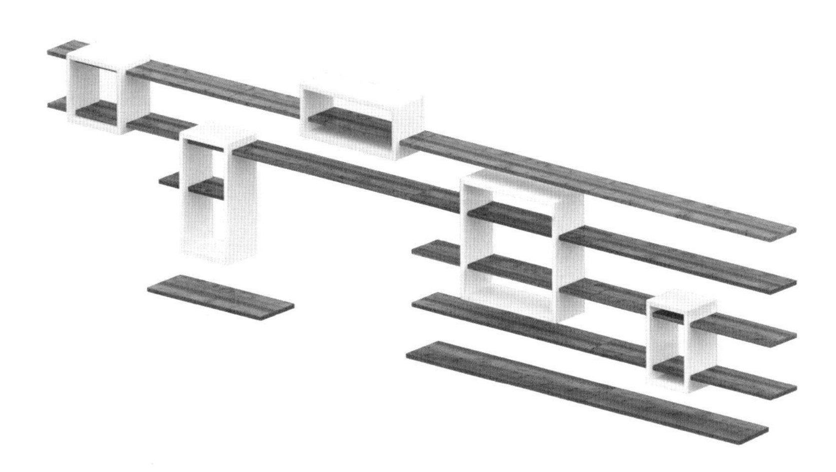

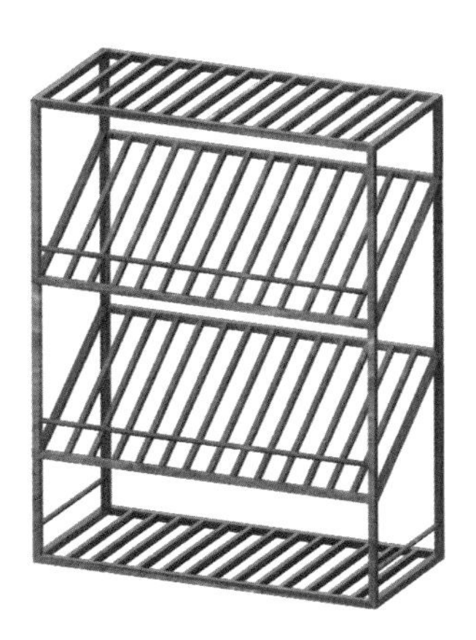

效果图

梦幻的法式极简主义

- 项目名称
  NANAN 蛋糕店
- 地点
  波兰，弗罗茨瓦夫
- 面积
  96 平方米
- 完成时间
  2016
- 室内设计
  BUCK 工作室
- 摄影
  PION

该店的主题是让现代法式糕点满足人们的甜品梦。Nanan 一词在法语中意为糖果，而这个法式蛋糕店的主导设计理念便是糖果。店中摆放着精心装饰的蛋糕和泡芙，简约的室内氛围为置身其中的人带来微妙的体验。

这个法式蛋糕店的特别之处在于，其室内设计和视觉效果的灵感均来自于泡芙。椭圆形的中央陈列柜好似蛋糕的形状，使产品如同展示在玻璃展柜中的珠宝一样。陈列柜周围留有客人走动的空间，客人可以选择品尝诱人的甜点，或欣赏精致的糖果及精美的托盘。即便是在糕点店柜台前排队，也让人感觉到这是开启甜品盛宴的一部分。

室内的灯具、门把手、衣架、穿孔板等一些细节设计的灵感也来源于泡芙。泡芙的形象已经自然而然地融入整个蛋糕店的设计之中。另一方面，店铺的颜色和材料选择也源于该项目的第二大灵感：玛丽·安托瓦内特（法王路易十六的王后）以及如何在当代营造她当时的客厅氛围。

该设计的目的是通过当代的形式和现代的表达方式，创造出具有女性化的、无忧无虑的氛围。因此，设计师选用粉红色作为表达颜色，并以复合的形式进行表现，使其成为一个极简的、无处不在的背景。

因此，整个空间充满了天鹅绒、粉色墙壁、拱形门廊等元素，结合粉色大理石顶和精美闪亮的黄铜装饰，打造出一个超现实的梦幻景象。在这里，人们会忘记时间，忘却整个世界。

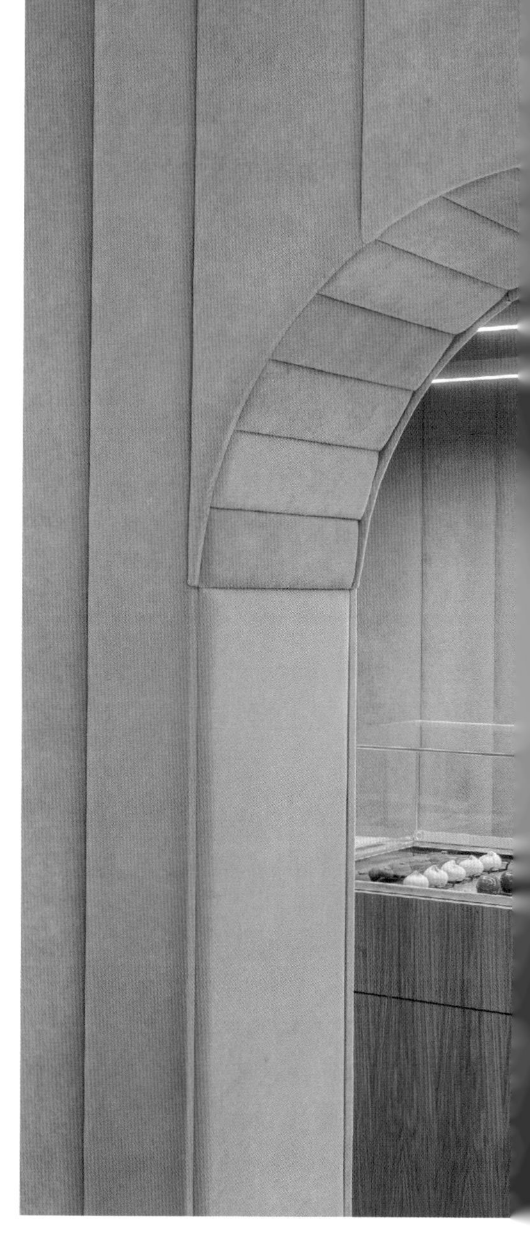

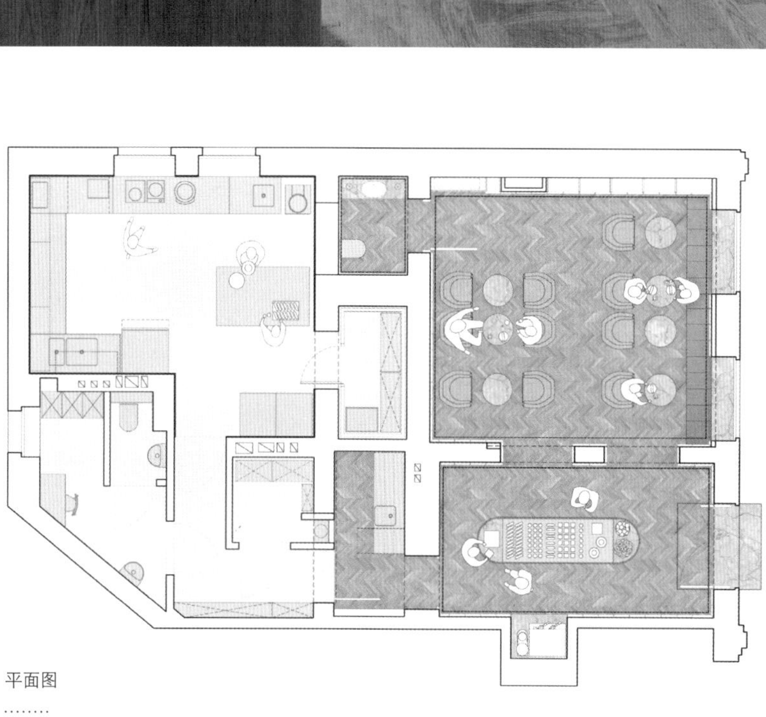

平面图

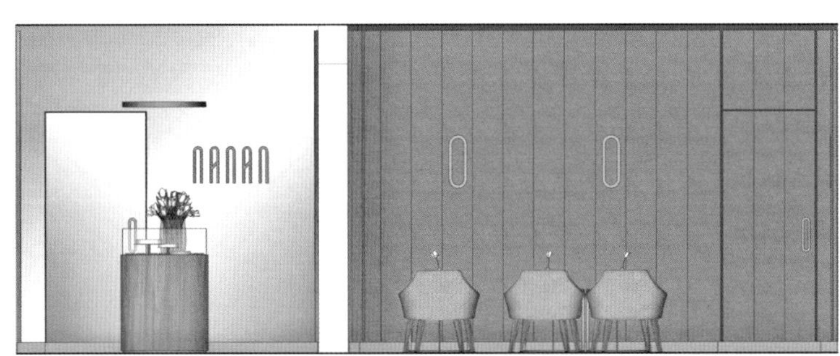

剖面图

悬挂的粉红木棍

- **项目名称**
  Patisserie III 烘焙店
- **地点**
  西班牙，马德里
- **面积**
  55 平方米
- **完成时间**
  2015
- **室内设计**
  ideo 建筑公司
- **摄影**
  艾泰金·德米尔吉奥卢

这个项目是为马德里开设的第三家 Patisserie 烘焙店打造的一个全新设计。该店的主营产品是面包和蛋糕。客户认为每一个烘培店都应该是独一无二、与众不同的，唯一具体的设计要求是使用他们店铺的统一颜色——粉红色。

店铺位于历史名城埃纳雷斯堡城中心的一楼。当拆掉了内部墙壁，清理了门面，设计师们就意识到没有必要重新创造很多东西，现存的历史性砖墙就已经赋予了空间独特的个性。

为了实现设计师最初的目标——现代设计风格，他们必须找到一个具有强大特性的元素，能与具有 150 年历史框架的墙壁相匹配，又不与之重复。因此，他们创造了一个艺术装饰：将超过 12 000 根粉红色木棍悬挂在天花板上，以吸引每个人的目光。粉红色在室内设计中并不常见，而设计师将这种颜色使用得恰到好处，给人以强烈的视觉冲击。同时，地面涂以粉色，与 12 000 根粉红木棍相呼应。裸露的墙壁亦产生了一种简约的感觉。

此外，建筑师、设计师弗吉尼亚为该店设计了照明以及部分家具，如椅子、凳子、货架、吧台顶板、白板以及门面上的灯箱。在这里，人们可以欣赏到覆盖层的不同细节，以及高质量的微细水泥人行道，整个空间显得精致而典雅。顾客不仅可以在这里享受美味的食物，也能感受生活的精致。

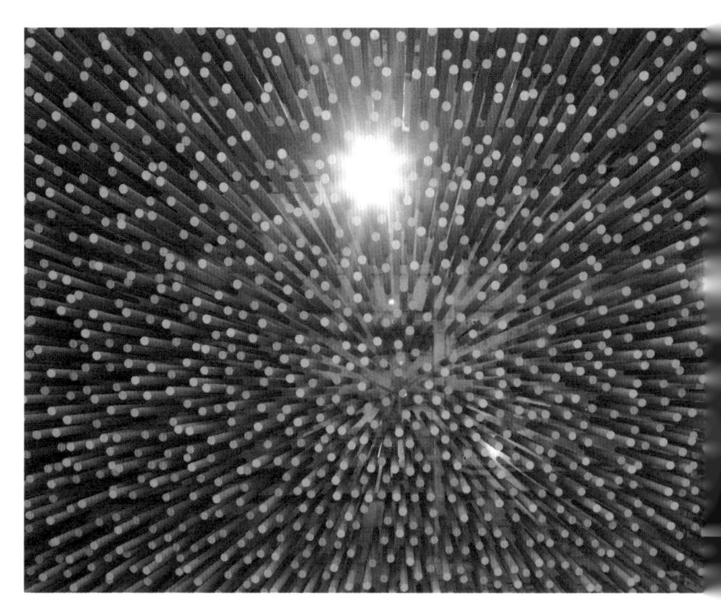

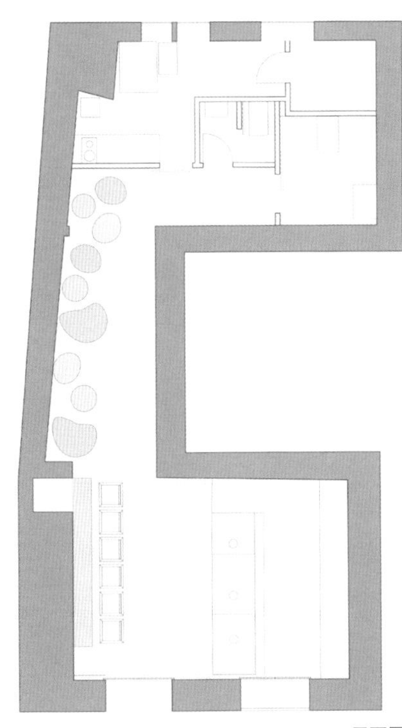

平面图

剖面图

天花板与面包篮的奇妙结合

- **项目名称**
  Au Pain Doré 烘焙坊
- **地点**
  加拿大，蒙特利尔，雪岭站
- **面积**
  139 平方米
- **完成时间**
  2014
- **室内设计**
  naturehumaine
- **摄影**
  阿德里安·威廉姆斯

这个项目要求设计师去构思现代烘焙坊形象，主要的挑战是，在不模仿传统面包店美感的前提下，如何保持烘焙坊内在的温暖和热情气氛，最后设计师采用编织篮和漆面的木质家具来进行装饰。简而言之，在创新美感的同时，保留这份“温暖感”十分必要。顾客从窗外观看仅仅是管中窥豹，当进入商店时，才会发现这里应有尽有。不同的空间展现不同的商店分区。作为烘焙店的男主角，咖啡师是室内设计项目的中心元素。因此，将咖啡台放在店内的中心位置，使其从店外便可看见。

这个项目的独创性在于，天花板成了建筑设计的结构元素。不同于束缚在墙壁上的展示元素，天花板作为建筑和装饰元素，不受烘焙坊运营的限制。利用店铺狭长的建筑特点，可以很好地部署天花板的结构，做到物尽其用。项目的空间设计灵感来源于编织篮——面包通过编织篮进行运输和保存，其结构就是互相交织的。设计师将这个想法转移到建筑构造上，再加以重新解释，就变成了别样的天花木板：随机排列的长形木条，好似一股涌动的活力，为整个商店带来温暖。

将天花木板延伸并垂直于墙面，形成了集合多种元素，不可或缺的功能支架。组装式的木板既是摆放面包甜点的货架，又是座椅和柜台面，辅以黑钢支架进行固定，也可同时用作商店展台。

最后，这种包裹式的设计消除了顾客对店内高度的感知，造成了一种空间扭曲的错觉，也营造出热情洋溢的气氛，邀请顾客在此尽情畅游。来到这里，顾客仿佛置身于舒适、亲密而又现代化的空间里。

SOUPES DU JOUR
SANDWICHS
QUICHES
PIZZA

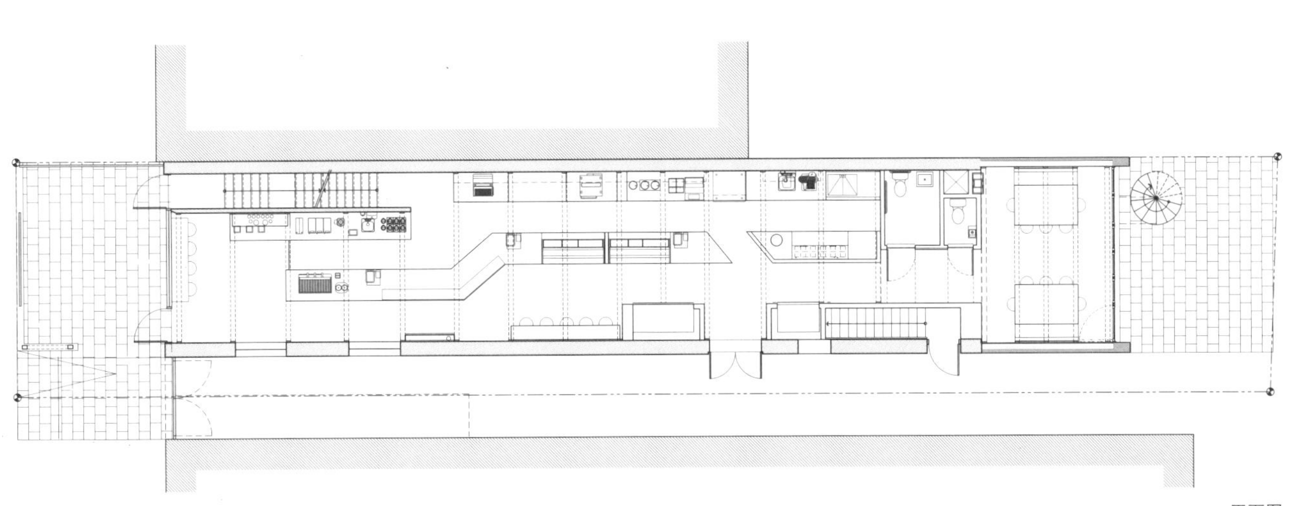

平面图

复古木材营造的舒适氛围

- **项目名称**
  Baffi Alimentari 烘焙店
- **地点**
  意大利，贝加莫
- **面积**
  120 平方米
- **完成时间**
  2016
- **室内设计**
  MARG 工作室
- **摄影**
  萨拉·马尼

Baffi Alimentari 是一家逾 50 年历史的烘焙店，本项目的任务是对其进行翻修。此次翻修的重点在于体现家庭的历史，以及寻找烘焙方式的标志性材料。

为了使烘焙店从老楼的橘红色墙壁中脱颖而出，设计师选择白色作为标志牌的背景色。因此，行人路过时一眼就能看到店内的空间。同时，大玻璃门的设计也能方便行人了解店内的营业情况，吸引其驻足观赏。

室内材料主要选用木材，以营造温暖的感觉。仔细观察会发现，这些木材的质地非常特别。复古纹理的应用，营造出现代而线性的感觉，使得店铺舒适又充满魅力。面包、蛋糕及各类食物装在纸袋里或摆放在白色货架上进行展示，货架顶部的镜子反射着各种美食，整个空间充满了迷人的香气。

在商店的中央，摆放了一些木制的食品货架，与黑色搁板对比鲜明，使整个空间看起来简单、整洁。大多数面包店仅仅展示少量的食物，而

Baffi Alimentari几乎展示了所有的美食，营造出美食天堂的氛围，吸引着顾客前来品尝。

除了各种各样的面包、蛋糕、点心、小吃以及其他烘焙产品之外，该店还出售果酱、糖果、巧克力和家用的烘焙材料。整个商店好似烘焙天堂一般！

Voi dal 1961

All-Bran
pane artigianale

fresco tutti i giorni

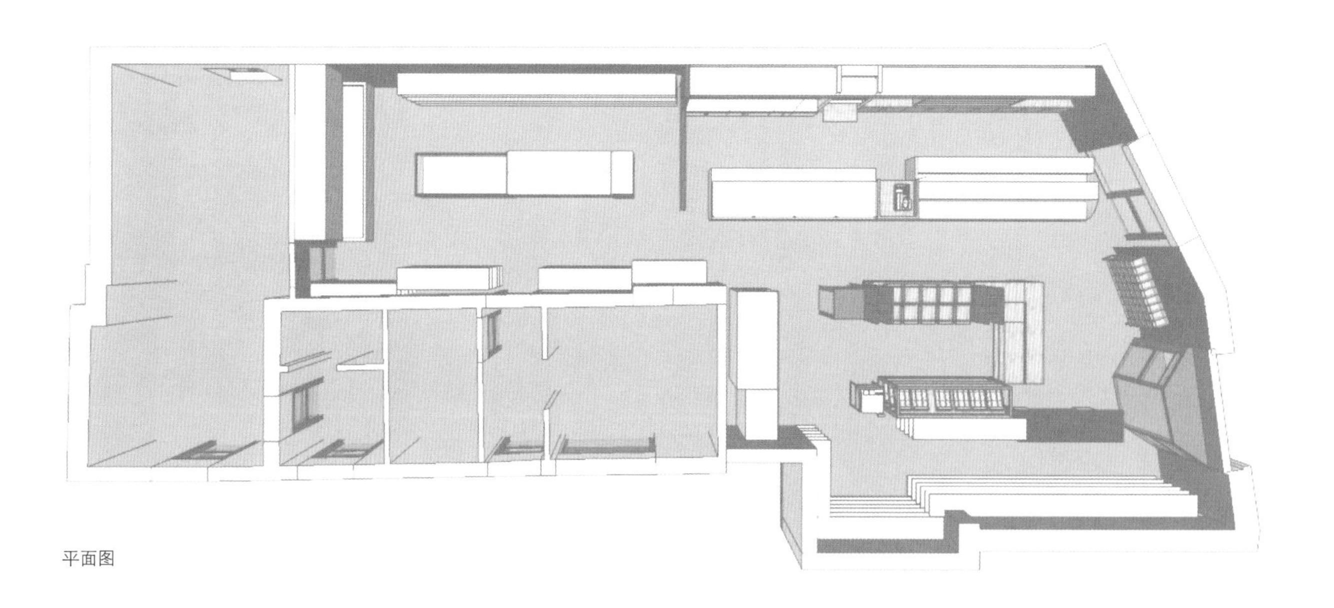

平面图

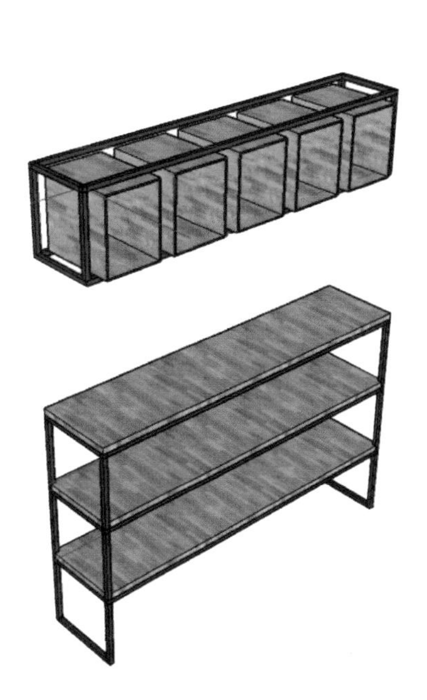

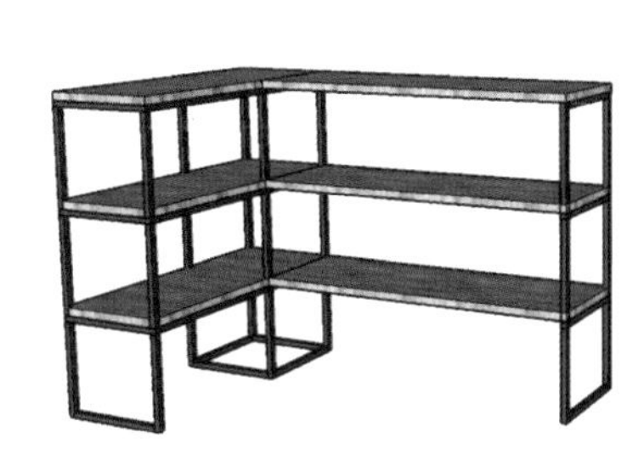

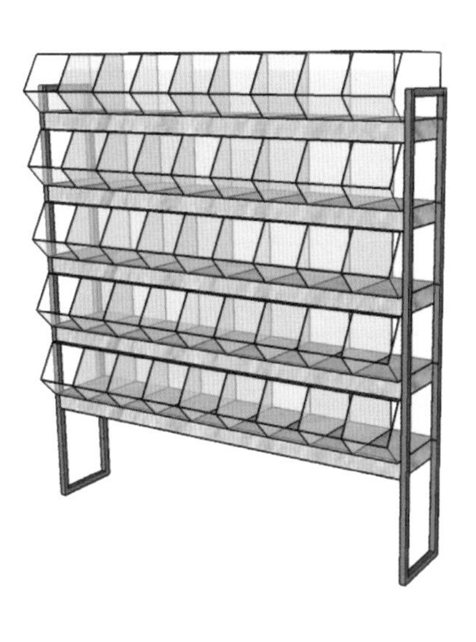

货架结构图

"融化"的天花板

- **项目名称**
  Paulo Merlini 烘焙店
- **地点**
  葡萄牙，波尔图，贡多马尔
- **面积**
  460 平方米
- **完成时间**
  2013
- **室内设计**
  保罗·梅里尼
- **摄影**
  约翰·莫尔加多

在设计该项目之前，设计师曾拜访和分析了同类店，试图找出一些可以纠正的错误。通过对比，他们发现了一个非常普遍的问题：多数餐饮场所仅提供一种空间环境——此类设计忽略了人们一天内起伏变化的心情，甚至忽略了想和朋友小聚或单独来这儿看书的消费者的需求。因此，为了弥补这个缺陷，设计师创建了三种不同的环境，让消费者可以根据自己的心情择席而坐，而不是被动地适应环境。这样的分区设计使餐厅的商业潜力扩大了三倍。

进店的人才是顾客。那么如何吸引他们进店呢?

在都市生活中，人们每天都会接受并处理数以百万的信息，例如广告牌、标志牌、人和汽车，等等，而大脑处理过多信息的方式，就是由潜意识处理大部分的信息，将意识从过多的信息中解放出来。当一个人穿行在城市时，大脑会捕捉周围的信息并收集相似信息，创造一种心理"情景"，潜意识通过可预见性来感知"情景"，而意识则负责"情景"之外的各种信息。当有

食肉动物在树间移动时，我们无须有意识地捕捉周围的每一点信息，就能感知它的运动，并做出保护生命的反应。

事实上，70% 的信息是通过视觉接收的，而且人类和许多动物一样，会被光源所吸引。加入这个思路后，设计师知道必须创造这样一种感受，它可以与城市其他的场景区分开来，这样就可以激活意识的感知，使人们注意到它，并被其吸引。为此，他们把光作为主要的吸引元素。设计师还研究了顾客的观察习惯，发现空间对于视觉最直观的吸引来自于天花板。因此，他们着重设计了天花板。

通过研究，设计师还认识到：在视觉上，直接照明会导致室内升温，形成沉闷的阴影角落；在听觉方面，回音造成的过度噪音还未妥善处理。为了解决这些问题，设计师必须打断声波、折射光线。因此，他们利用并列重复的木条做出第二层天花板及墙壁，这样的设计一举两得，同时解决了照明和回音的问题。

设计师还通过调查发现：与食物一样，空间的颜色和形状也会影响人们的食欲。因此，在空间的颜色上，他们挑选了世界最受欢迎的 20 款烘焙食品的颜色，并按照全球标准，选用暖灰色调，应用到墙壁上；在形状上，在天花板上做出“融化”的效

果，使它看起来就像蛋糕滴落的奶油，使人食欲大增。

同时，设计师也为顾客呈现了新的标志，并据此局部设计了店内空间。墙面之间的各层嵌板向下延伸，仿佛在与顾客进行交流。只要在店内走动，一些隐藏的造型会渐渐映入眼帘。这些造型仅仅是标志的抽象表现，旨在不经意间加深人们心中的印象。

透视图

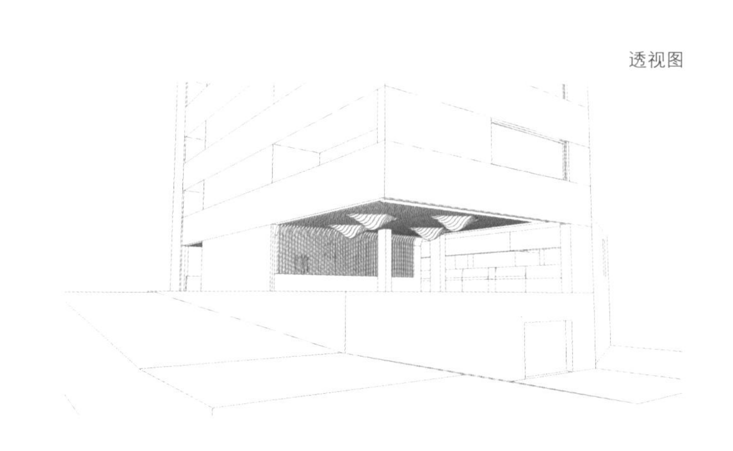

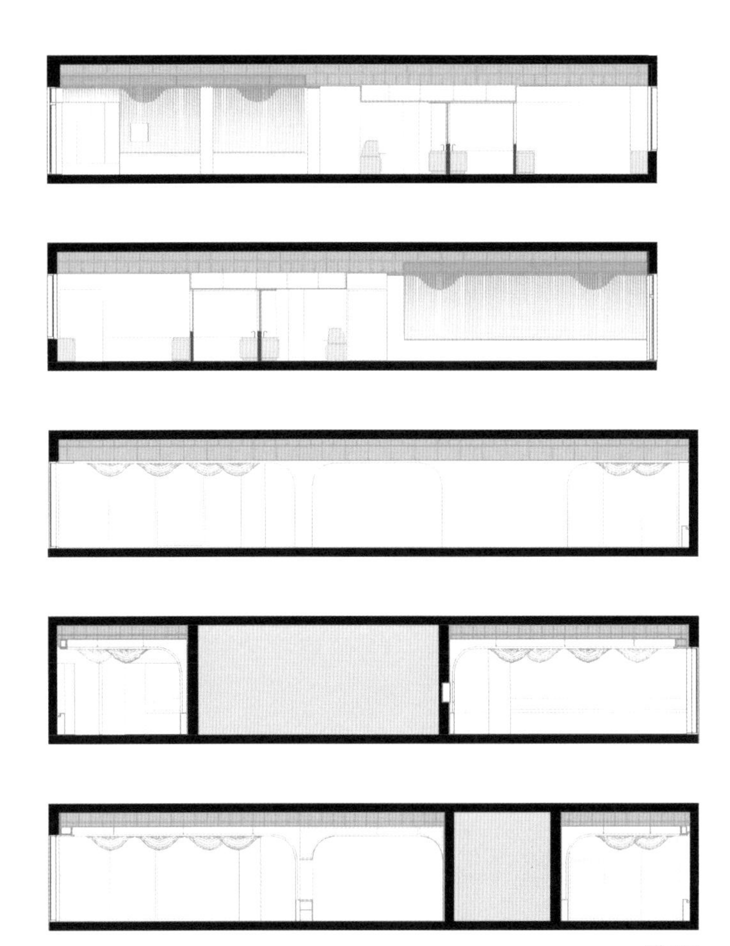

剖面图

平面图

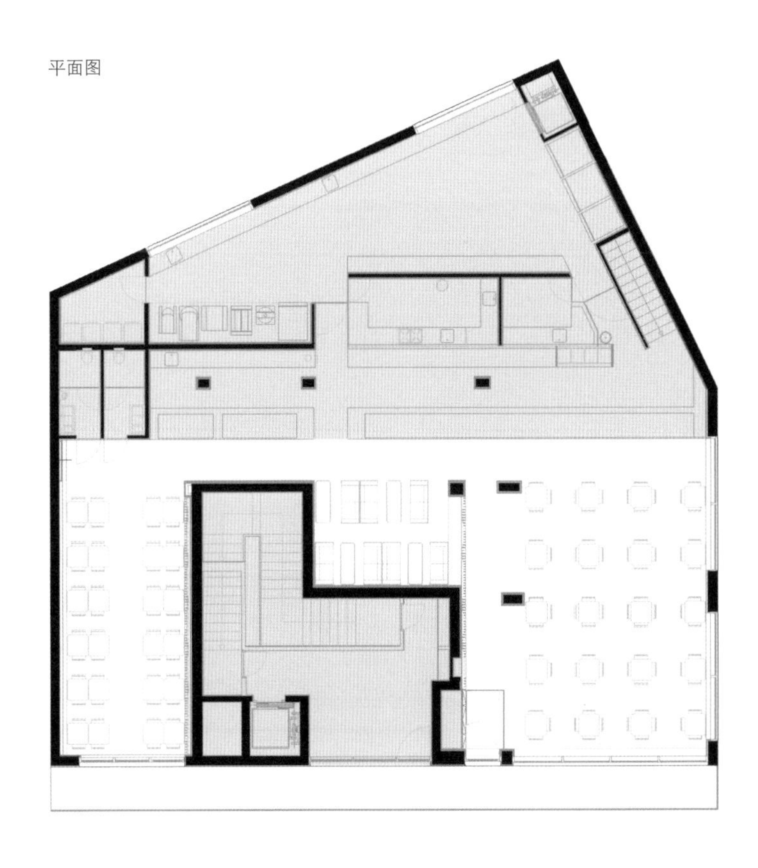

烧焦烤盘的装饰艺术

- 项目名称
  巴特科沃斯基烘焙坊
- 地点
  波兰，托伦
- 面积
  60 平方米
- 完成时间
  2014
- 室内设计
  mode:lina ™工作室
- 摄影
  马尔钦·拉塔伊恰克

巴特科沃斯基烘焙坊成立于 1927 年，是一家家庭式的面包店，现如今在波兰托伦开设了 18 家分店。2014 年，店主与 mode:lina ™工作室合作，开启新的商业模式，创办了一家独具特色的咖啡酒馆——Doppio Cafe Bistro。

其室内设计的创意灵感，源于逾百年的家族工艺史。新鲜出炉的面包的香味、巨大的烤箱、破旧不堪的烤盘，使设计师明白：传统与现代设计的融合就是答案。利用炭黑色的烤盘装饰墙壁和灯罩，赋予了其第二次生命。炉具型家具、天然木材与白色瓷砖的结合，使得房间充满了历史气息。柜台和灯具均由精心挑选的木板制成，很容易使人联想起旧时烤箱的燃料。最后，黑白相间的镶嵌地板令人想起了老式的商店。在玻璃窗附近，简单地放置了一些座椅。木制的座椅与木质的柜台遥相呼应，质朴中又带有一丝温暖。

mode:lina ™工作室经常会选用一些与众不同的材料，因为他们勇于尝试、热爱创新。他们寻找蕴含标志性元素的材料，以符合项目的特

色。以这个家庭式面包店为例，其主要的标志元素就是即将被丢弃的烧焦的烤盘。设计师们在盘存时发现了它们，并用其制作装饰墙和灯具。利用这些精挑细选的材料，设计师们不仅完美地装点了面包店，同时，还凸显了复古感与时代感的结合。

设计师通常根据客户的描述，寻找有趣的灵感。这些灵感有时来自非常简单的元素，有时却几乎难以发现，而设计师的任务就是发现它们并赋予其功能性和美感。在寻找项目主题的创意时，意想不到的元素很重要！这就是为什么要使用烧焦的旧烤盘。这样的内饰不仅实用、充满热情，而且令人印象深刻。

SZYNKA +INDYK
WEGE
WŁOSKA
KURCZAK
WŁOSKA PREMIUM
DRÓB
BEST PREMIUM
MEKSYK
Latte mało 7 zł duża 8 zł wielka 9 zł
Latte macchiato duża 8 zł
Mocha mało 8 zł duża 9 zł
Cappucino duża 7 zł
Frappe duża 8 zł wielka 10 zł
Smoothie duża 8 zł wielka 10 zł
Czarna mało 5 zł duża 6 zł wielka 7 zł
Biała mało 5 zł duża 6 zł wielka 7 zł
Gorąca czekolada mało 6 zł duża 8 zł
Herbata mało 4 zł duża 5 zł
TEA

DOPPIO

草图

工业复古的烘焙空间

- **项目名称**
  Biga 烘焙坊
- **地点**
  以色列，凯撒利亚
- **面积**
  120 平方米
- **完成时间**
  2017
- **室内设计**
  Eti Dentes 室内设计公司
- **摄影**
  约阿夫·佩莱德

Biga（在意大利语中是酵母的意思）连锁烘焙坊起家于以色列北部小镇上的一家小型面包店，现如今已成为知名烘焙品牌，并在以色列拥有 20 多家分店。

优质的材料、精细的工艺以及糕点师对烘焙的热爱，使得产品独具风味，从而铸就了品牌价值。设计师从无数次的烘焙和面包制作过程中总结经验，并通过视觉语言呈现给世人，传递了烘焙与手工制作的喜悦。同时，更重要的是保留朴素的观念和纯正的味道，以此传达烘焙师对工作一丝不苟的态度，以及对糕点和烘焙极大的热情。

这家店位于凯撒利亚的工业区，四周工厂、办公室林立。店铺占地 120 平方米，天花板很低，四周嵌以玻璃面板。该项目面临的挑战是：如何设计一个能够招待当地工人的小型咖啡面包店，特别是在早餐和午餐时。基于工厂简约的风格，设计师选用的材料和色调以黑白为主，隐含着翠绿色和橡木色，很容易令人想起面包和糕点。

所有服务区的墙壁都覆盖了简约的白色和绿色瓷砖。沿着店内的墙壁，摆放着一张长方形的棕色皮沙发，墙壁上装饰着印有品牌图标的木板和定制的铁制壁灯，给顾客以舒适的、如家般的感觉。在咖啡柜与座位区之间的拐角处，有一个小“店中店”，由黑铁和复古工业玻璃制成，内置烤箱和货架，顾客可以在此购买面包、甜品，并外带回家。地面铺着黑白瓷砖，天花板嵌以橡木板，以此隐藏空调和其他设施。为了更好地实现工业的氛围，设计师采用了黑色的吸音板块。店铺融合了熟食店、糕点店和咖啡馆，客户在门口便可闻到手工饼干和面包的香味。

B*
מאז 1999
ACQUA E FARINA
לחמי מחמצת
BISCOTTI
נאפה במקום
FRESH טרי
מאפים
BAGUETTE
בריוש
PASTERIES
CROISSANT
פוקצ'ות
B*
artisan bakery

Boulangerie
artisan bakery
artisan bakery
אפיה בעבודת יד
BIGA

BiGA
מטבח · בייקרי · קפה
artisan bakery
Boulangerie
aqua e farina
*מחמצת באיטלקית
B*

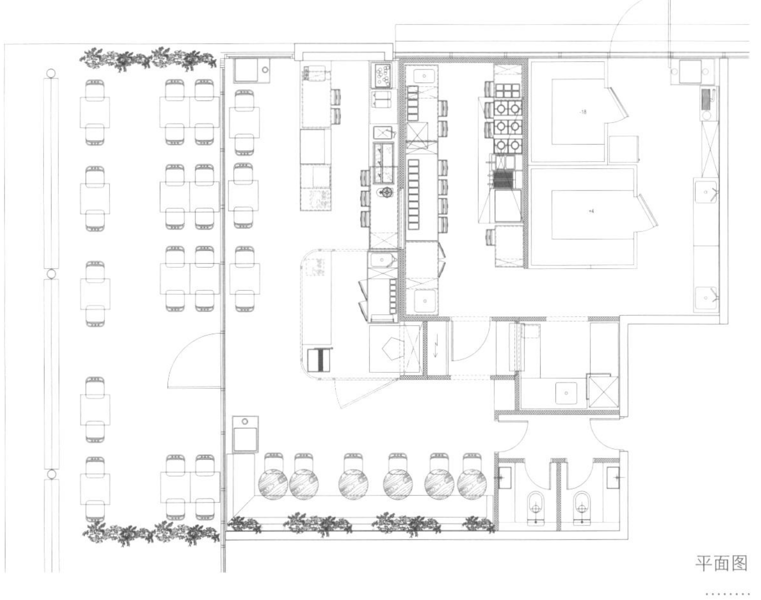

平面图

纯“手工”空间设计

- 项目名称
  Bread & Hearth 烘焙坊
- 地点
  新加坡
- 面积
  100 平方米
- 完成时间
  2014
- 室内设计
  SKLIM 工作室
- 摄影
  Béton Brut 工作室

这是一家手工烘焙坊，坐落于恭锡路的中心地段，恭锡路曾是新加坡的红灯区，四周都是精美的商店。

设计师试图从烘焙店名中寻找品牌线索。砖作为常见的建筑材料，常被用来构造多数的空间概念。砖主要用作构建模块，构成了室外和室内、结构性和非结构元素，例如：店铺门面、柜台顶部、通风孔、家具、隔板和地板等。设计师使用线性和双曲率几何结构、施工接缝和平铺图案对材料的极限进行了测试。

根据店铺的建筑本质，设计师将餐饮区、展示区、服务区、厨房和后院的功能在线性的结构中进行分布。进店后的空间排列是近乎漏斗形的，并通向咖啡台后身的砖墙。每个砖台都有一个独特的功能（面包区、维也纳甜面包区、收银台、控制中心和咖啡台），并错开摆放，使得更多的站立空间与烘烤产品相互动。设计师巧妙地将砖从厨房隔墙上拆除，将厨房的气味和视线引入客厅。

为了更加灵活地进行面包展示，设计师使用配挂板装饰整个墙面。定制的帆布展架也被设计

成微型吊床的形式，以展示亚麻布袋子里的面包，与硬边砖模形成一个更加柔软和有趣的对比。根据商店的特性，木制楼梯的底部被重新设计成烘焙坊的菜单展示板。

手工面包房的工艺体现在商店的方方面面，不仅包括各种砖砌的方法，还反映在了定制家具的选择上。自由摆放的餐桌和货架借鉴了传统的家具工艺与榫接工艺，进一步烘托了手工艺的气氛和细致的烘烤工艺。

分析图

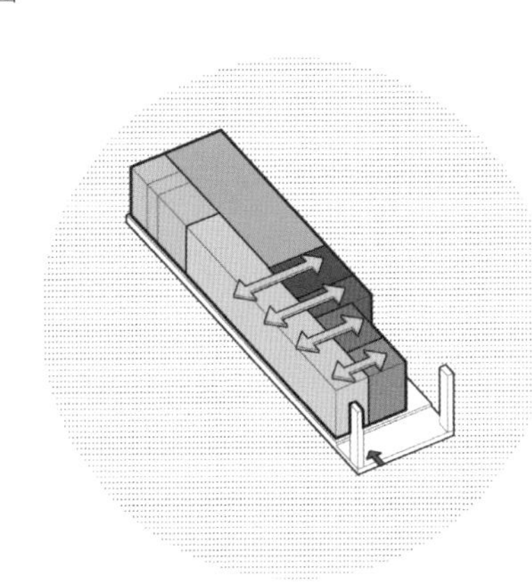

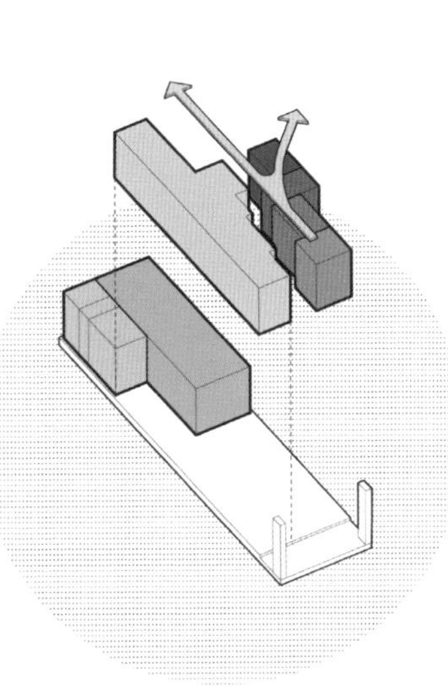

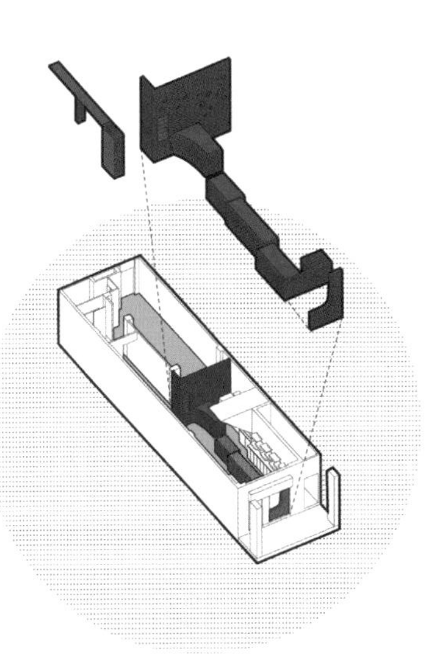

平面图

充满乐趣的粉红空间

- 项目名称
  Bribery 烘焙店
- 地点
  美国，奥斯汀
- 面积
  165 平方米
- 完成时间
  2016
- 室内设计
  Design Hound 工作室
- 摄影
  瑞恩·法诺，罗伯特·莱尔马

Bribery 烘焙店位于得克萨斯州首府奥斯汀，于 2016 年开业以来，一直都以饱满的热情迎接所有顾客。人们不禁好奇，为何商店主营的是烘焙食物和鸡尾酒，而店主却选择“Bribery”作为店名。每每店主招待顾客时，客人们总会先问到这个问题，店主表示，店名指的是烘焙食物如同对良好品行的“贿赂（bribery）”。这种半开玩笑式的回答，通常会让人联想到暗地里的交易，但同时，设计师也是从这个想法出发，设计了这家位于奥斯汀市米勒街区的酒吧与美食终点站。

设计师希望改变“贿赂”的意思，将商店设计成一个充满乐趣与光明的空间，让众多家庭乐享其中。所以，在设计之初，设计师就尽可能地加入主厨的个性。粉色亚光处理的入口、与之相称的展示柜、令人想起蛋糕装饰的乙烯基贴花……这些富有特色的外部装饰，无一不吸引着行人的注意。在商店内，大片的粉色绒面壁纸勾勒出了店内的轮廓，而顾客则会被蓝绿色与白色的吧台所吸引，不自觉地走近展示柜、大理石吧台和酒架。在镜面与黄铜条的反射下，店内光泽夺目，充满乐趣。座椅区内摆放着黑白色

花纹的坐椅、粉红色的软垫椅子、立绒的驼色长凳，配以粉红色的椅脚。随着夜幕来临，阳光随之淡去，夺目的粉红色霓虹灯从入口处的吊顶正面一直延伸至展示柜，使整个店内变得与众不同。粉色的鸡尾酒吧虽然略微昏暗，但仍然很有趣。主厨艾略特表示，这家店是“女士们来此，男士们跟随的地方”。

Drink me

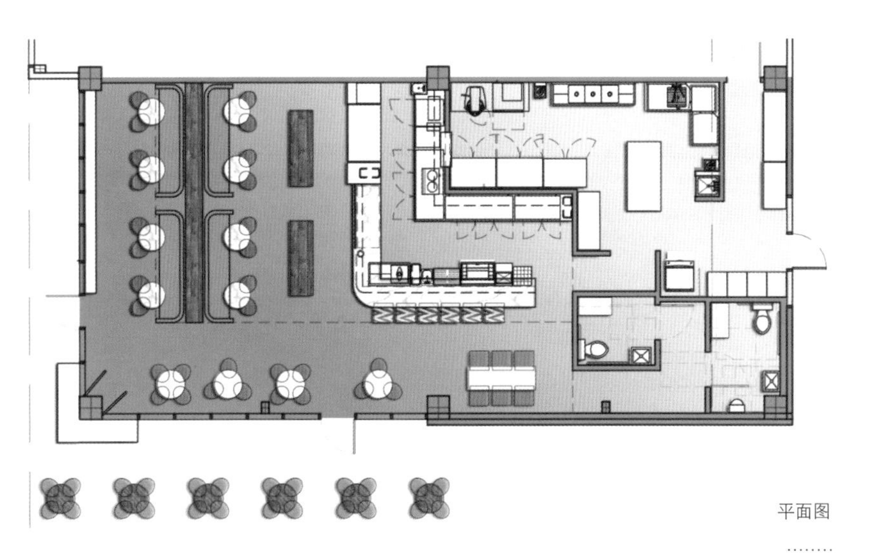

平面图

暖暖的小清新

- **项目名称**
  Liebes Bisschen 咖啡馆
- **地点**
  德国，汉堡
- **面积**
  140 平方米
- **完成时间**
  2016
- **室内设计**
  PARAT 公司
- **摄影**
  安德烈亚斯·米切斯纳

这家店内的设计参考了20世纪50年代的风格，并与当代色彩和材料相结合。

PARAT 公司对店铺的布局进行了调整，使得前方的待客区更加宽敞，并配有小型沙龙；在面包房后身设计了室内庭院，顾客一回头便可看到。整个空间均采用无缝拼接式设计，使咖啡馆保持了统一色调。

沿着主厅的两侧墙壁，均放置了带有软垫的长椅；各色的桌椅围绕店内中心摆放，每张餐桌上都放着小盆栽进行装点，给人们一种清新和愉悦的感觉。后墙前面摆放了一张长方形柜台，代表开放式房间的尽头。利用木质镶板和图章将该柜台一分为二，中间装有一个镶嵌式玻璃展柜，用于展示蛋糕、甜点及特色产品。

后院与面包房有一窗相隔，为顾客提供了一个安静的空间，同时，顾客也可以在此订餐。院内餐桌是特殊定做的，围绕院内中心的独立柱进行摆放，而墙壁置物架和柚木吊灯则营造了如家一般的氛围。

LB

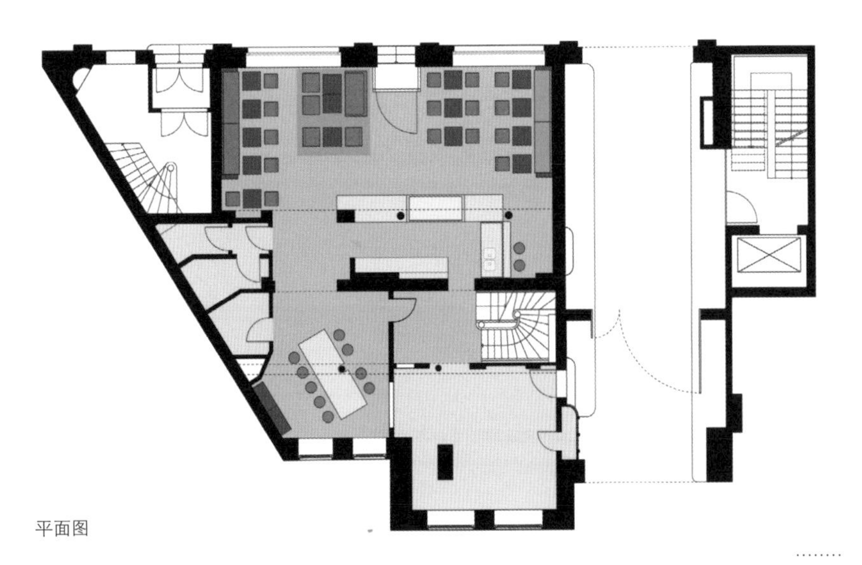

平面图

引人驻足的楼梯状入口

- 项目名称
芝士蛋挞店
- 地点
越南，胡志明市
- 面积
69.6 平方米
- 完成时间
2017
- 室内设计
07BEACH 设计公司
- 摄影
隐岐池内

烘焙店大多位于购物中心和火车站，并在门店前设有顾客排队区域。为了与其他烘焙店区别开来，本案的设计师利用店铺面向街道的特点，设计了通高天花板。首先，从入口到收银台的楼梯设计向往来的行人展示了顾客是竖直排队的。沿着竖直的楼梯，每个糕点展台都设置在不同的高度，同时工作人员的内部地板的高度也不同。然而，不同的地板高度可能会让客户担心事故的发生。但是通过反复的调整以及对楼梯实际尺寸的研究，最终地板变成了平缓的斜坡，拥有了足够的安全性。

客户要求设计要在特定的条件下公开展示店内，而不是在员工与顾客之间建立一种视觉边界。因此，在构思之初，设计师便产生了用螺栓连接玻璃，以固定餐桌的想法。但是，客户认为这个方案并不具备稳定性，所以设计师试图更换一些别的设计方案。

然而，设计师没有放弃这个想法，因为他预感这个方案能达到足够的稳定性，并且可以采取不同的使用方式，为一个普通的事物增添新鲜感。在接到制造商的承压数据后，设计师将餐

桌由单腿换成了双腿，还检查了螺栓连接玻璃的扶手。在使用实物模型确认了强度后，这个方案最终获批。

在电脑绘图过程中，有时设计师会在每个表面上分别采用不同的亮度，以加强物体的形状。在此次设计中，他便采取了这样的方式，例如，在水平面上采用较浅的砂浆颜色，而在垂直面上采用较深的颜色，来强调楼梯的形状。将这种形式应用在实际的设计方案中，是一个非常有趣的尝试。正如化妆强调脸部的形象，设计师认为通过不同颜色的砂浆，也可以强调楼梯的形象。为力求自然的外观，选择恰当的颜色并不容易。通过对比许多不同砂浆的亮度，设计师得出如下结论：若是像楼梯一样呈 90 度角并排摆放，那么两种颜色不同的砂浆看起来就很自然。接下来，设计师使用这两种颜色构建楼梯的实物模型，并在阳光照射下进行确认，但是色差看起来较大。设计师担心如果将其涂在整个楼梯上，看起来可能像奇怪的条纹图案，因此，他将色差稍微调小，最终成为现在的颜色。

看着竣工的作品，设计师认为此次尝试是相对成功的，因为人们可以清楚地看到垂直与水平表面之间的区别，而且看起来并不奇怪。但设计师觉得他在最后一分钟所做的调整并没有产生更好的效果，因为不同的颜色如果应用到不同的表面上，人们也会认识到这一区别。此外，设计师在工作区域采用浅色，

在顾客区域采用深色，并提高工作区域的亮度，这样工作区域就会像舞台一样闪亮。为了克服对强度和安全性的担忧，设计公司多次与客户进行沟通并做出绘图调整，最终实现了这个方案。

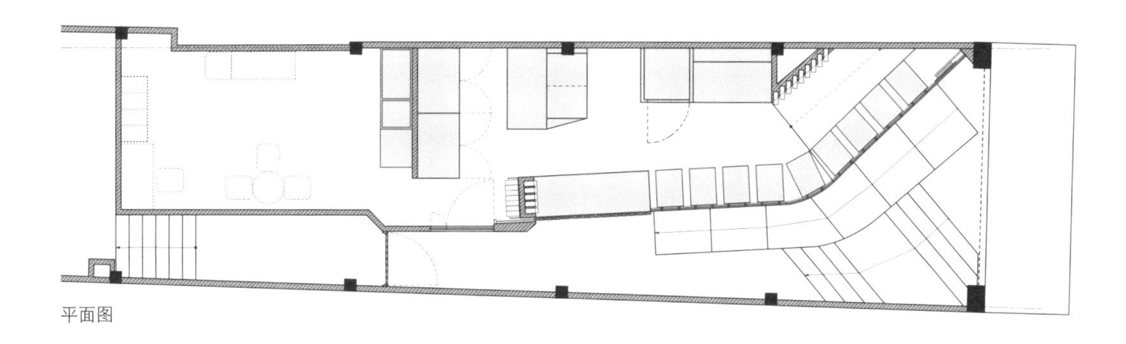
平面图

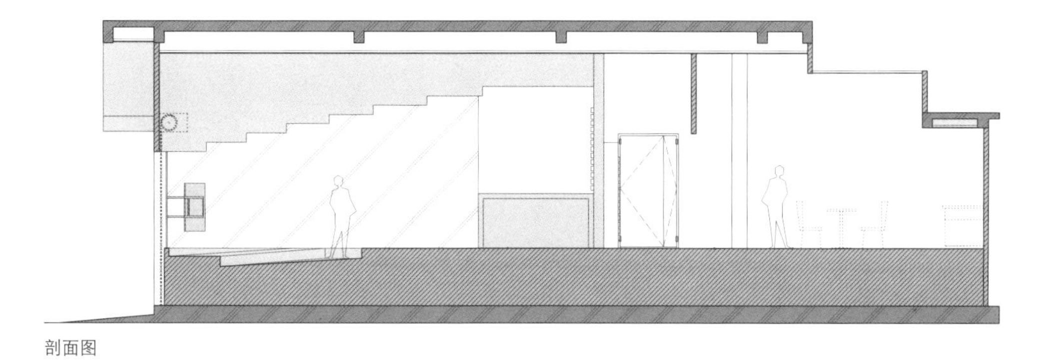
剖面图

在简约中感受质变过程

- **项目名称**
  Das Brot. 烘焙坊
- **地点**
  德国，沃尔夫斯堡
- **面积**
  170 平方米
- **完成时间**
  2013
- **室内设计**
  Designliga 设计公司
- **摄影**
  Designliga 设计公司

Autodstadt 餐厅是由瑞士餐饮品牌莫凡彼(Mövenpick) 所运营。在当地的餐饮业内，传统的现场生产理念无处不在，而 “Das Brot.” 正是对这一理念的合理延续。继冰淇淋制造商 Cool and Creamy 和自制意面餐厅 La Coccinella 后，Das Brot. 烘焙坊是第三个进行现场制作的店铺。所有 Das Brot. 供应和售卖的产品都是 100% 的有机产品。

设计师在 “从牧场到柜台” 的基本理念中加入了视觉、触觉、味觉和情绪的感官体验，描述了生产面包的价值创造过程，从而形成了烘焙坊设计的焦点，以及与其企业形象的沟通与感知。对整体概念而言，传统工艺和工艺美术的融合是很必要的，如马赛克、石膏艺术和竹篮编织工艺。

在餐厅的功能分区，烘焙坊和餐饮区之间相互渗透，创造了一个不断变化的环境视角。从干净、清晰的 “食品加工区”，到顾客一起就座的如家般熟悉的长方形餐桌，餐厅的空间变化所营造的感觉也在不断变化。地板的图案呼应着面包的制作过程：从小麦到面粉，再从面粉到面包，无

处不在发生着质变。这一创意过程的象征性表现既有叙事价值，又有装饰价值。同时，地板的设计也见证了决不马虎的工艺品质。通过传统技术与现代电脑技术的融合，地板上的 25 000 个图案中，没有任何两个是相似的，并且全部融入整体的图像当中。

在传统与后现代的设计界面上，本次室内设计强调了独立的传统主题，回避了当代英美咖啡连锁店和法国烘焙坊的流行趋势，反而引用了中欧的舒适性，并反映在货架的“木构架”风格和就餐区的天花板设计上，并通过朴素且实用的空间分区，自然且均匀地融合在一起。照明和声学设计同样让人倍感舒适，给人一种如家般的安全感。

BUTTERBROT
1.50
BUTTERBROT
2.90
BUTTERBROT
2.90
WARM GERÖSTETES BROT
3.10
SAUERRAHMBUTTER
3.60
SAUERRAHMBUTTER
1.80

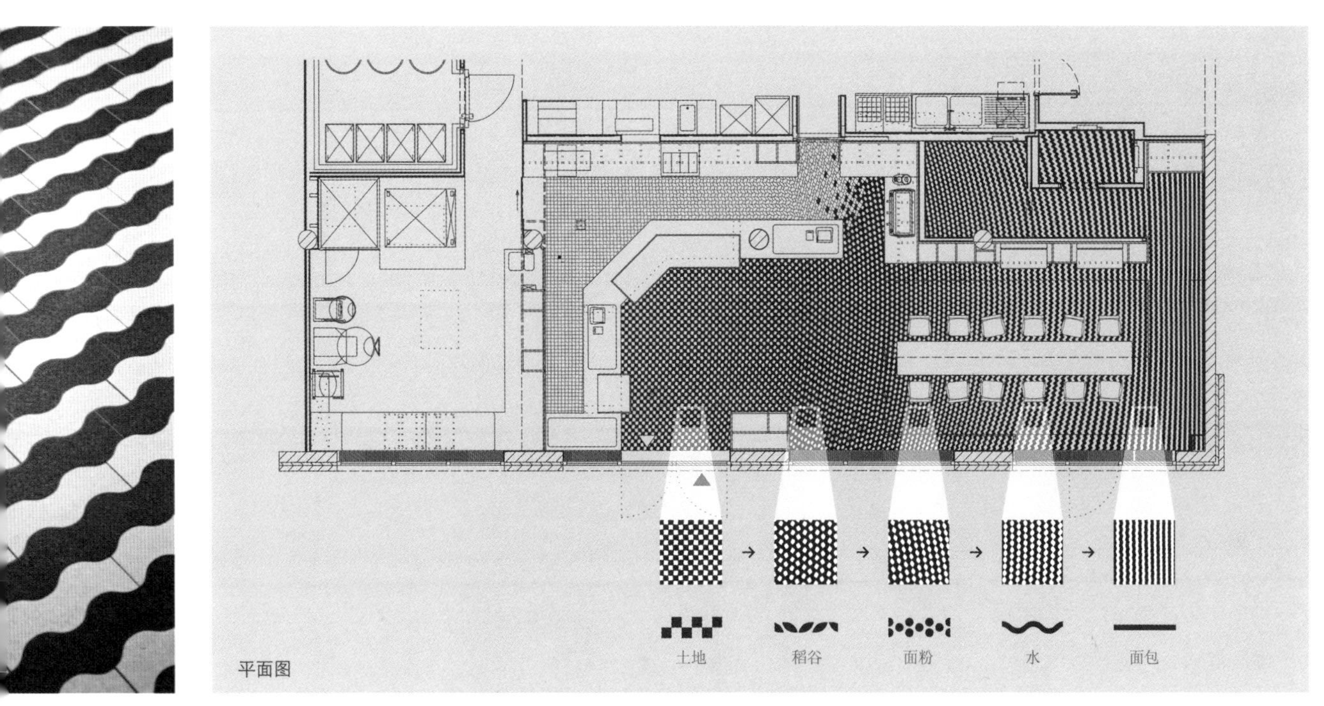

平面图

法国乡村与当代极简的融合

- 项目名称
  Elysee 烘焙坊
- 地点
  希腊，阿尔塔
- 面积
  95 平方米
- 完成时间
  2015
- 室内设计
  G2LAB 工作室
- 摄影
  迪米特里斯·斯皮罗

一座古老的石砌建筑坐落在希腊西北部的阿尔塔中心，这里非常适合开一家别具一格的烘焙坊。这栋建筑的高度几乎达到了平均建筑高度的两倍，面向街道，视野宽广，阳光充沛。

在设计之初，设计师的主要目标是营造一种氛围，既能体现法国乡村面包店的特色，又能融合当代设计特色。在店内，美食展柜是一个重要空间元素，造型上类似于旧式行李箱，表面覆有精致的涂层。材质纹理与设计形式、光线相结合，在空间中展示创意游戏。天花板上的木梁与厨房的隔板设计相互交织，从主区透过隔板，可以看到烘焙过程。同时，灰白色的墙面形成了一个奢华却充满极简主义的空间，为各种地方、各个时期的各种装饰物品提供了最佳的背景。此外，地板上的木材与几何图案的瓷砖结合在一起，黑色的金属货架和压制的水泥，又使整个空间体现了工业风格。经典造型的家具与空间的装饰互为补充。

店铺的外观设计完美地弥补了室内设计。石墙的坚固被窗框打破，框架创造了内部和外部环境之

间必要的连续性。换句话说，内部空间更靠近城市生活，而外部空间则能穿透内部空间。带有垂直网格和夹芯板的木制黑色框架为外立面创造了一个几何图形，增加了窗户透明层的强度。灰色的金属屋檐沿着石墙，既能保护外立面，又能凸显工业特征。金属和玻璃与木材和石头相互作用形成了极具创意的对比，并形成了完美的平衡。外立面的两个大开口设计会使路过的人们产生品尝欲望。展示窗口的设计主要体现在定制架子的安装以及合适的照明方式——架子由金属制成，吊挂在天花板上。

照明设计有两个特殊的目标：首先，突出店铺的建筑结构；其次，展示室内的设计与产品。在外部的照明设计上，筒灯安装在金属屋檐上，处于窗户上沿，以突出建筑特性。磨砂玻璃与金属灯具安装在石墙之上，再次凸显了建筑特点。根据店铺的设计风格，其标志图案也是基于极简主义风格设计而成的。深色基调与浅色砖石形成了鲜明的对比，同时极简设计也符合店铺的建筑结构。整体的设计方案不仅注重室内的翻修，而且注重外立面和平面的设计，创造了一个独一无二的烘焙坊。此外，该方案结合了不同的风格和特点，打造出了一个有机的整体。

farine
pate à CHOUX

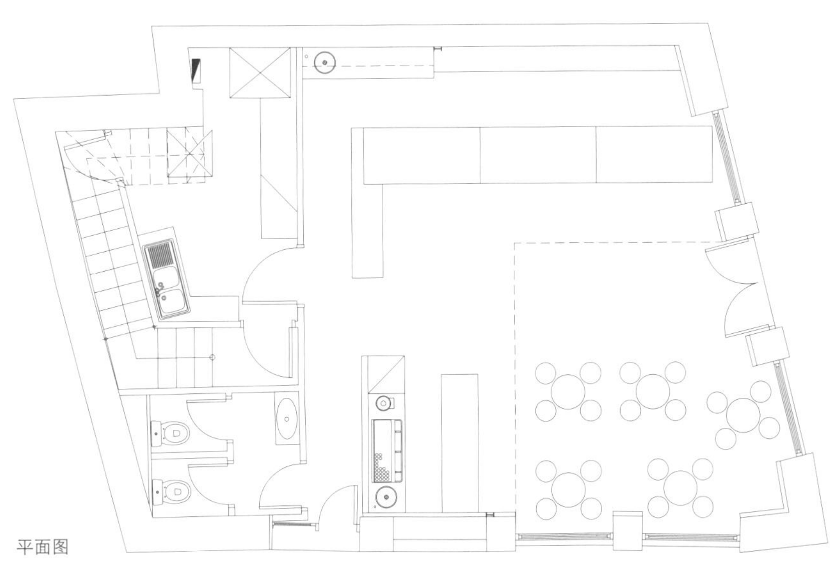

平面图

古典欧式和传统日式的碰撞

- 项目名称
  EZO 芝士烘焙坊
- 地点
  印度尼西亚，雅加达北部
- 面积
  72 平方米
- 完成时间
  2017
- 室内设计
  Evonil 建筑公司
- 摄影
  Evonil 建筑公司

EZO 芝士烘焙坊专门制作美味的奶酪蛋糕，其灵感来自日本北海道的奶酪蛋糕。本次设计的挑战在于，如何在保持浓郁的古典与传统的日式室内设计元素的基础上创造出一个全新且独特的品牌概念。

该项目的设计灵感来自经典且典雅的烘焙店与浓厚的欧洲室内设计风格，但是将日式品牌融入室内设计是一项富有挑战性的设计任务。

古典的与日式的室内设计的结合形成了一个独具创意的组合，其着重于蓝色和薄荷色涂层的使用，营造出娇媚的格调。因此，古典设计的格调与日式室内设计相互交织，即商店用立体的白色图案、铜镜和木制工艺品做装饰，而墙面则用蓝色粉彩进行粉饰。

天花板明亮、洁净，增加了商店门口的视觉吸引力，同时也凸显了烘焙坊的主打产品。在墙壁、货架和壁灯上附以装饰物品，使古典室内设计的格调更加完整，充满活力。

在顾客休息区，主座位区位于柜台对面，配有定制的蓝色长沙发，以及白色大理石制成的长方形餐桌。淡蓝色的墙壁创造出一个富有特色的矩形空间。鱼骨木地板以双色拼接，产生一种豪华而放松的感觉，营造了和谐且温暖的氛围。

平面图

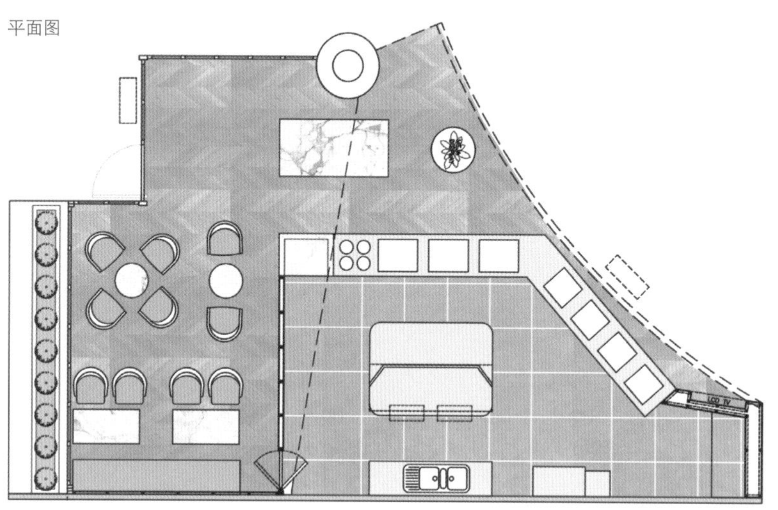

剖面图

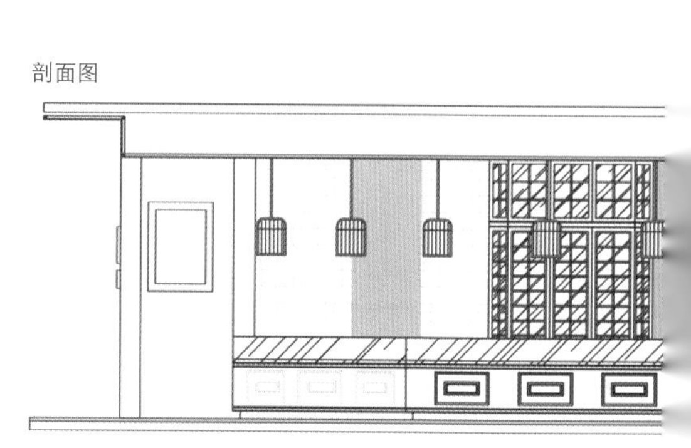

自然，有机，清新

- **项目名称**
  FRESCO 烘焙店
- **地点**
  意大利，米兰
- **面积**
  165 平方米
- **完成时间**
  2016
- **室内设计**
  MARG 工作室
- **摄影**
  萨拉·马尼

FRESCO 烘焙店坐落在米兰的一个美食广场，该广场是米兰新的购物区，致力于展示时尚、设计、美食和文化。这家店就在此为人们提供面包、蛋糕、沙拉和三明治。

温室是新鲜、自然食品的容器，该项目的设计理念便来源于此。空间的组成元素有天然木材、暗色青铜饰品、陶瓷材质的墙布与地板、玻璃和绿色物品。一切都是以自然、有机、新鲜和干净的概念进行设计的。室内空间与产品概念协调一致。食品橱柜配有小型绿色植物进行展示，天花板和墙壁亦是如此。餐桌是由简约的原木制作而成的，餐椅则是翠绿色的，餐具也是淡绿色和白色的，给顾客带来一种新鲜且充满活力的感觉。此外，店前还配有就餐座位。

这家店渴望向公众提供健康饮食的新体验，从新鲜食品的概念和由内及外的温室理念出发，店内提供了大量的食品原料，出售现做现卖的新鲜美食。微型水系统每天为贮藏水果的垂直花园和后院浇水，以确保食材的新鲜度。商店所使用的材料与四周的木材、浅色的配色、手

工陶瓷品及室内透明度紧密地结合在一起。该室内设计专注于品牌的一体化，无论是色彩还是氛围，设计师想要在每个充满活力的早晨都为顾客提供温暖舒适的体验！

Panini
Sandwiches

LL FRESH,
ALL THE TIME
Insalate
Salads

THE TIME
FRESCO
BANCO & CUCINA
REAL FOOD
REAL FLAVOURS

FRESCO

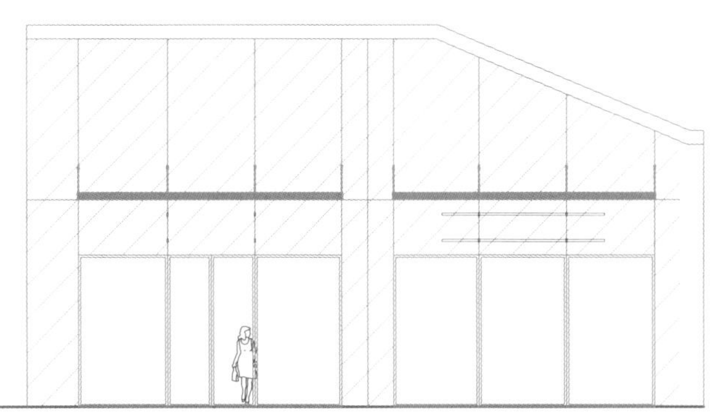

立面图

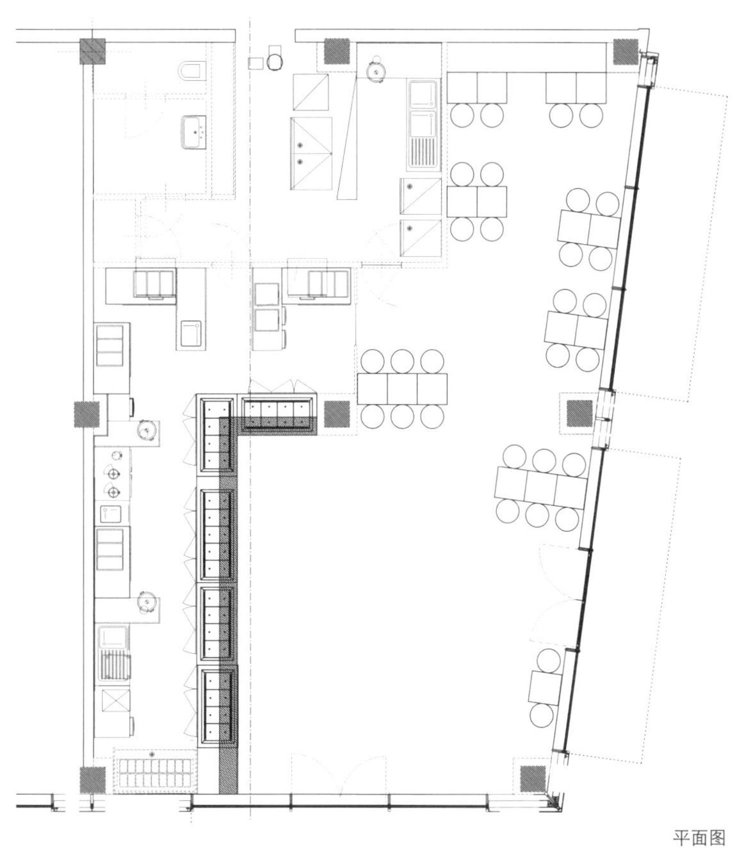

平面图

白色装饰营造的纯净空间

- 项目名称
外婆咖啡烘焙店（尼尚坦石）
- 地点
土耳其，伊斯坦布尔
- 面积
80 平方米
- 完成时间
2015
- 室内设计
Zemberek 设计公司
- 摄影
艾泰金·德米尔吉奥卢

该店是外婆咖啡烘焙店的第一家店，为顾客提供传统的、自然有机的食品，产品种类繁多，如酵母面包、酸奶、烤饼、百吉饼、松饼、蛋糕和素食。

该品牌拥有每天保持产品新鲜的方法，并在一天的不同时间出售不同的产品。通过这种方式，尽可能地在产品与顾客之间建立起无阻碍的紧密联系。同时，特色产品展示柜的空间结构设计也需要达到这种效果。

另一个影响空间结构的方式是：商店的地板低于街道标高，天花板水平高度相对较低。这样的设计易于顾客在内部和街道上观察店铺，并创造一个户外空间与商店内部的整体概念。

这样的设计将商店橱窗的门面与邻近店铺的门面区别开来。门面高度增加了，也就更容易从外面看到店内。室内的中间部分向街道方向拉伸，这样从室外便很容易观察到产品，同时，像窗户一样的工作空间也增加了。

客户的空间体验从街道开始，并持续到产品区域，中间没有任何中断。顾客也可以从室外通过摆放在两侧的移动餐车观察到室内的产品。

专业和质量影响着品牌形象，而材料、质地和色彩的选择则是产生温暖而亲切的感觉的影响因素。室内不同质地的材料粉以白色，有助于清洁和整体的感知。实木、陶瓷等材料营造了亲密的氛围。手工黄铜铁的老化细节，符合品牌日益增长的态势。

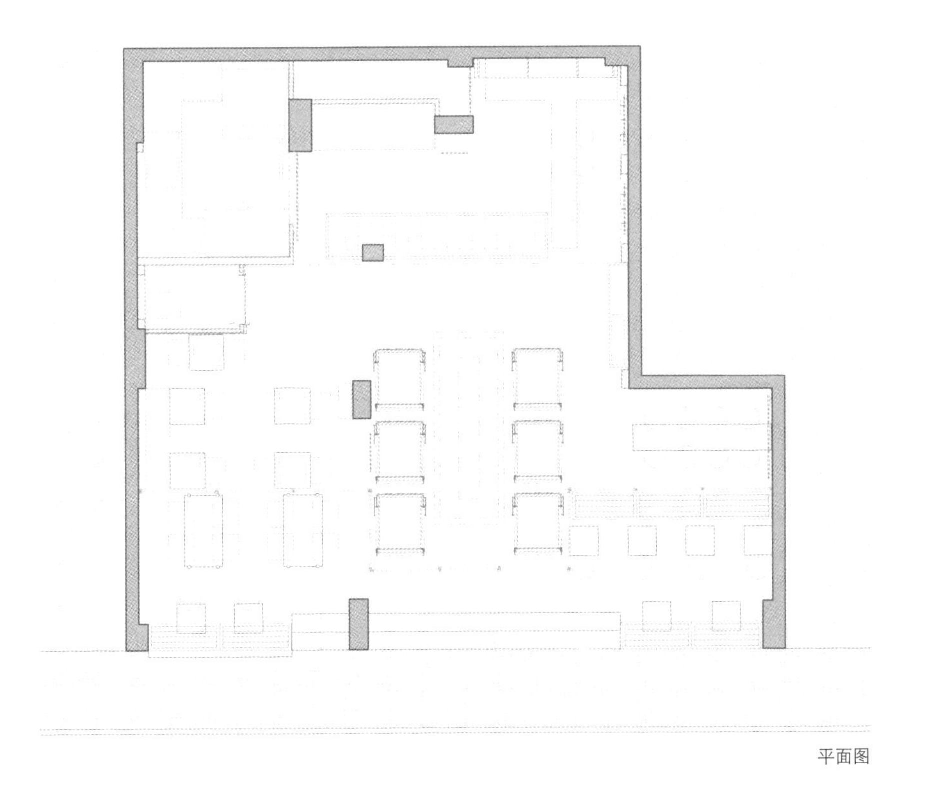

平面图

白色图案和材料营造的温馨环境

- 项目名称
  外婆咖啡烘焙店（雅克马尔克兹）
- 地点
  土耳其，伊斯坦布尔
- 面积
  240 平方米
- 完成时间
  2017
- 室内设计
  Zemberek 设计公司
- 摄影
  沙法克·埃姆伦杰

该店是外婆咖啡烘培店的第二家店，是一家手工咖啡面包店，用传统做法制作自然、有机的烘焙产品。这个品牌是以外婆直接命名的，因为该品牌是因店主外婆的食谱而诞生的。

这个品牌的设计故事始于他们第一家店铺的设计主题——邻家面包店。此后，店主产生了在商场开店的想法，这也引发了两种文化根源相互矛盾的问题。这就是为什么该方案以外婆这个概念为出发点，通过店铺独有的形式，融入购物中心无菌的、活跃的和以消费为导向的动态环境中，提供安逸、舒适、安全、真诚的空间体验。

外婆的概念以品牌的故事为基础，反映在广阔的户外空间上。这种真诚、舒适、体验、多层面以及美好回忆的概念让顾客感到仿佛置身于外婆的后院，并沉浸在这种温馨的空间氛围之中。

在材料、颜色和图案方面的选择标准，不仅体现了品牌的专业意识，也保证了产品展示时其温暖和诱人氛围的可持续性。在各种图案和材

料上，白色的大量使用形成了商店的氛围基调，既符合品牌的企业形象，又匹配协调一致的概念。温暖又熟悉的材料，如实木和陶瓷，适用于商店温暖的特性，手工制作的黄铜细节则展现了品牌的工匠精神。在就座区域，设计师将不同种类的家具与面料组合在一起，以营造自然和生活的感觉。大多数家具都是为烘焙店专门制作的，而现成的家具则全部是从二手商店购买的。

除了户外空间，该店还设有一个内部空间，用于展示购物中心里的各种产品和品牌。内部空间与购物中心的公用区域用一种轻型结构装置分隔开来。由于管理的需要，柜台和服务区位于户外空间的屋檐下。为了界定空间，由金属组成的结构覆盖件也被置于屋檐下。

连接面包店内外部空间的过渡区位于酒吧和服务区之间，这种布局不会影响顾客与美食之间的持续关系。

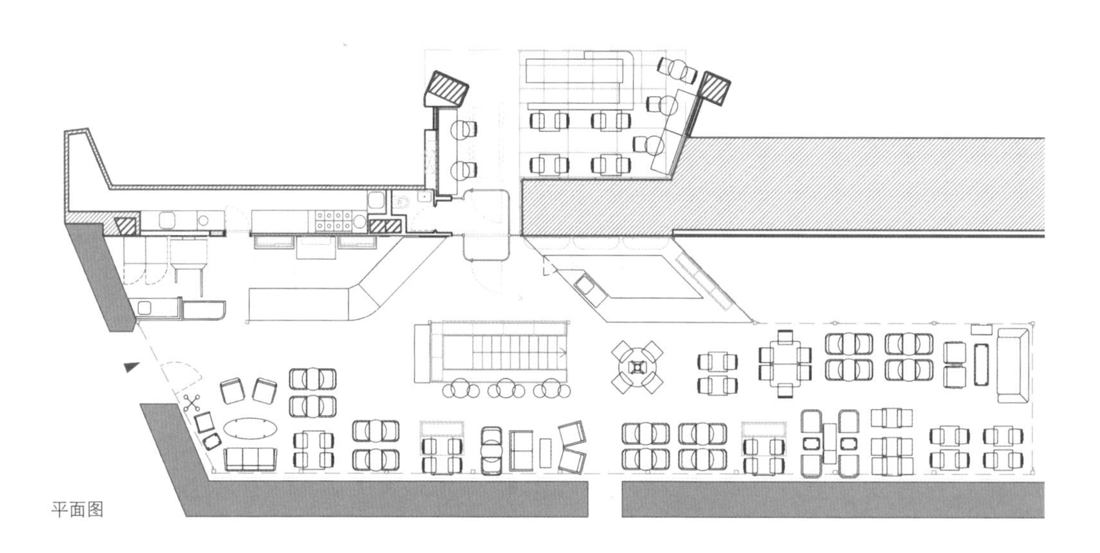

平面图

All day breakfast
Specialty Coffee
Cakes & Tarts
Daily Fresh Pastries
grandma
BYREDO

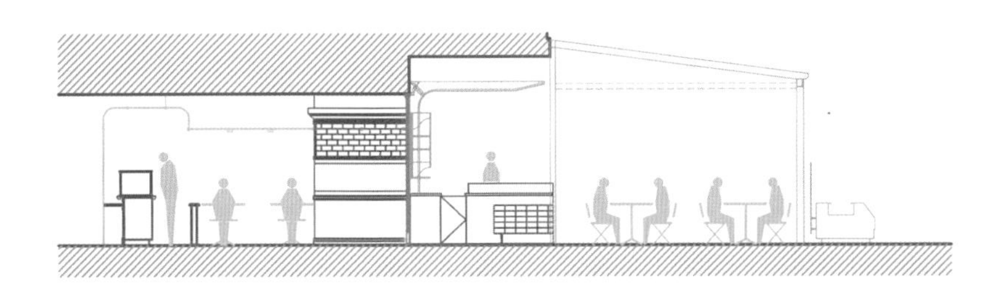

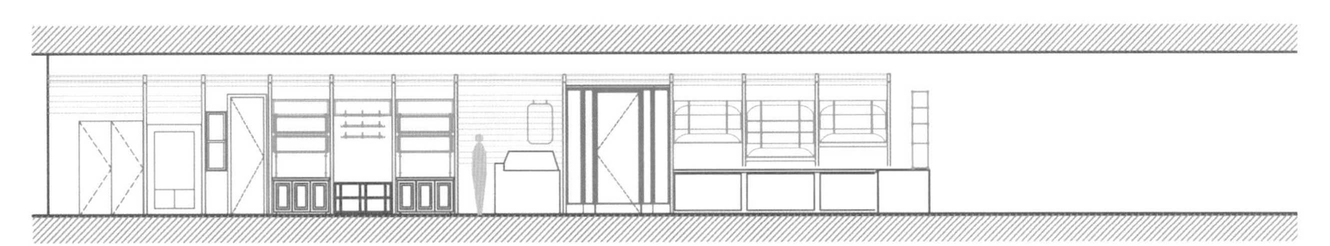

剖面图

木板与混凝土的拼接艺术

- **项目名称**
  原麦山丘烘焙店（三里屯店）
- **地点**
  中国，北京
- **面积**
  150 平方米
- **完成时间**
  2016
- **室内设计**
  B.L.U.E. 建筑公司
- **摄影**
  北京锐景摄影有限公司

原麦山丘三里屯店位于三里屯太古里南区临街一层。设计内容包括室内与外立面。外立面的设计使用了通高的玻璃幕墙，视线穿过透明玻璃，可以看到室内温馨、自然的设计风格。

室内的设计亮点是由上至下的实木框架，天花板上垂直延伸的木条，高低不一，形成规律而又富有层次变化的视觉效果。面包陈列柜放置在实木框架的中心，打破了这个全高框架的整体设计。定制的实木框架不仅环保，而且具有很好的装饰效果，体现了面包的自然特性。这种设计将顾客的视觉中心集中到面包柜上，突出了原麦山丘的经营特色。

简洁、纯粹的混凝土墙面配合拼接成小麦状的旧木板，拼接图案由下而上，逐渐变化，直到消失。收银台的背景墙面是由不同厚度的旧木板组合而成的，形成了富有变化的凹凸表面。灰色水泥砖和不锈钢金属黄铜条的配合使用，使地面精致而富有变化。

原麦山丘的室内设计，无论从空间布置，还是选材与灯光，都向人们传达了温馨浪漫、自然亲切、纯净别致的感受。

平面图

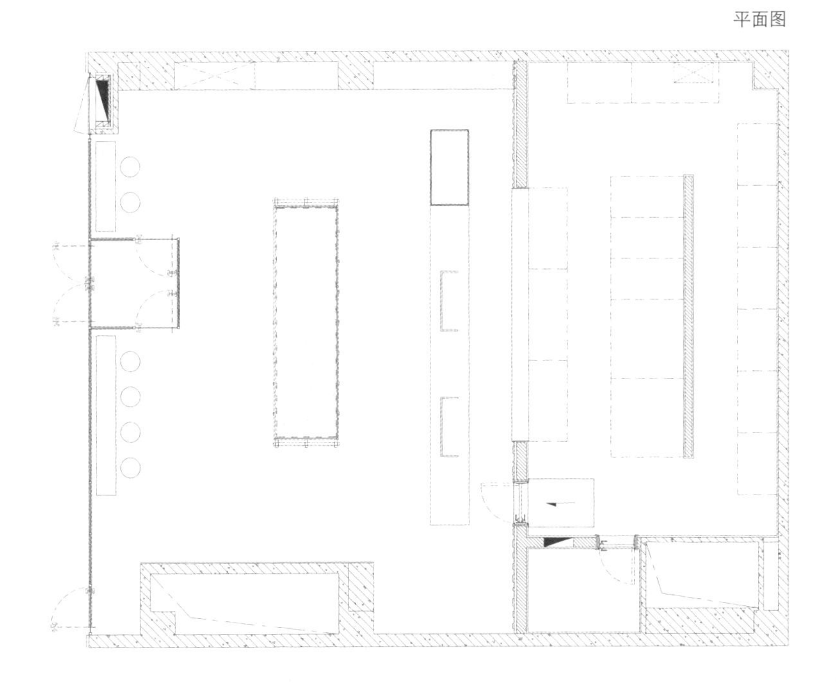

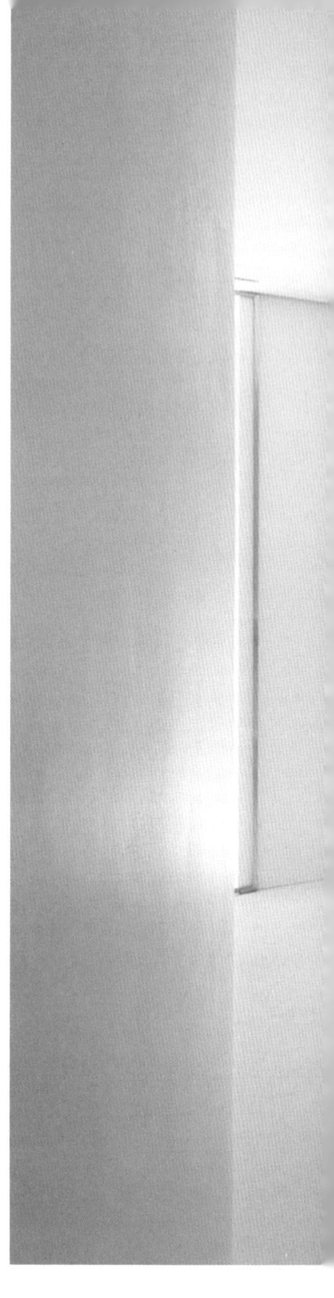

半圆形透明纸包裹的独特空间

- **项目名称**
  白礼盒
- **地点**
  中国，上海
- **面积**
  63 平方米
- **完成时间**
  2014
- **室内设计**
  芝作室（陆颖芝，李璐祎，舒炜，斯科特·贝克）
- **摄影**
  Peter Dixie，洛唐建筑摄影

全新品牌 Aimé Pâtisserie 落户上海，选择了在淮海路的一片小台阶上建立旗舰店。它位于一个全新的大型高端购物中心对面，两旁尽是咖啡店与油炸圈饼店，门前是一个繁忙的公共汽车站。这里人流众多，但竞争激烈，不少商铺都在改善装潢、提高品质，所以它面对的第一个挑战就是在这里脱颖而出，而这个方案就是让这家新店化身为一个全白色的礼品盒。

该设计理念来自拆开 Aimé Pâtisserie 包装盒的独特体验——捧着精美的盒子，一层层地打开透亮的半圆形包装纸，这个过程让色彩缤纷的马卡龙更加吸引人。设计师把这种乐趣呈现在店铺的设计中——店铺招牌的平面设计和橱窗的立体屏风设计，分别用四层半圆的图案去吸引路上行人，让他们带着好奇心进去体验、探索。

在 4.5 米宽的门面内，是个呈 L 形的空间，分为两个部分：门厅有一张供顾客享用美食的吧台，里面是个陈列产品的柜台。前者层高略低一点儿，虽然稍微压缩了后者的视觉，但正因为如

此，顾客的视线才会被集中在发亮的主墙上。当你向放满马卡龙与其他精美甜品的 9 米长的柜台走过去，就会越发觉得店里的细节值得玩味。

主墙的设计就好像排列着一个又一个的礼品盒，以不同的形态打开着，吸引你向上看各种如梦似幻的图案。这个灵活的装置不但可以美观地展示各种产品，还能收纳聚光灯、音响系统和保安系统等设备。

由于店面以白色为主，所以有一些画廊的气质。设计师希望以一个比较艺术的手法去创作陈列柜台后的品牌墙，于是跟一位修读美术系的学生合作，把一组铝质条子扭曲，让它们投射在墙上的影子呈现品牌名称。这个充满美感的视觉效果，令到访的顾客除了被甜美的食品迷倒，也会对这个“白礼盒”留下一个深刻的印象。

AIMÉ PÂTISSERIE

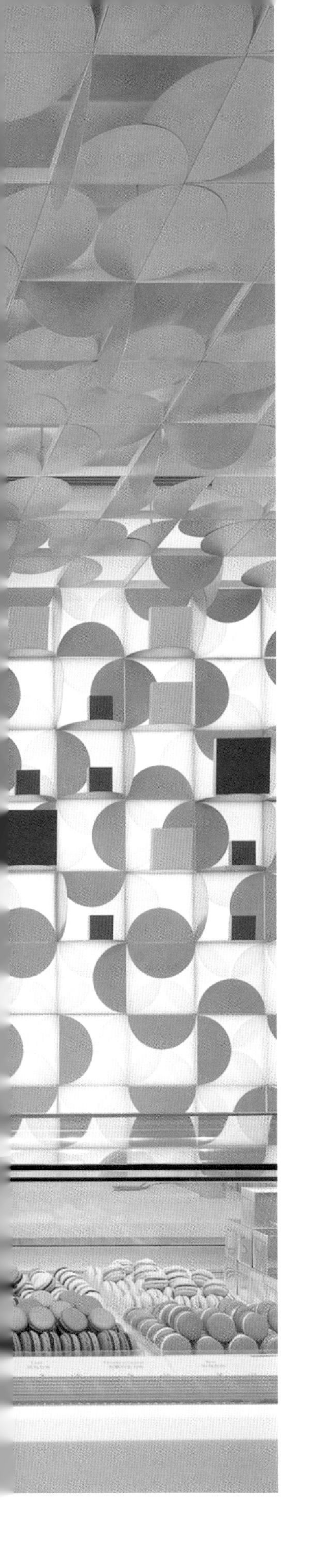

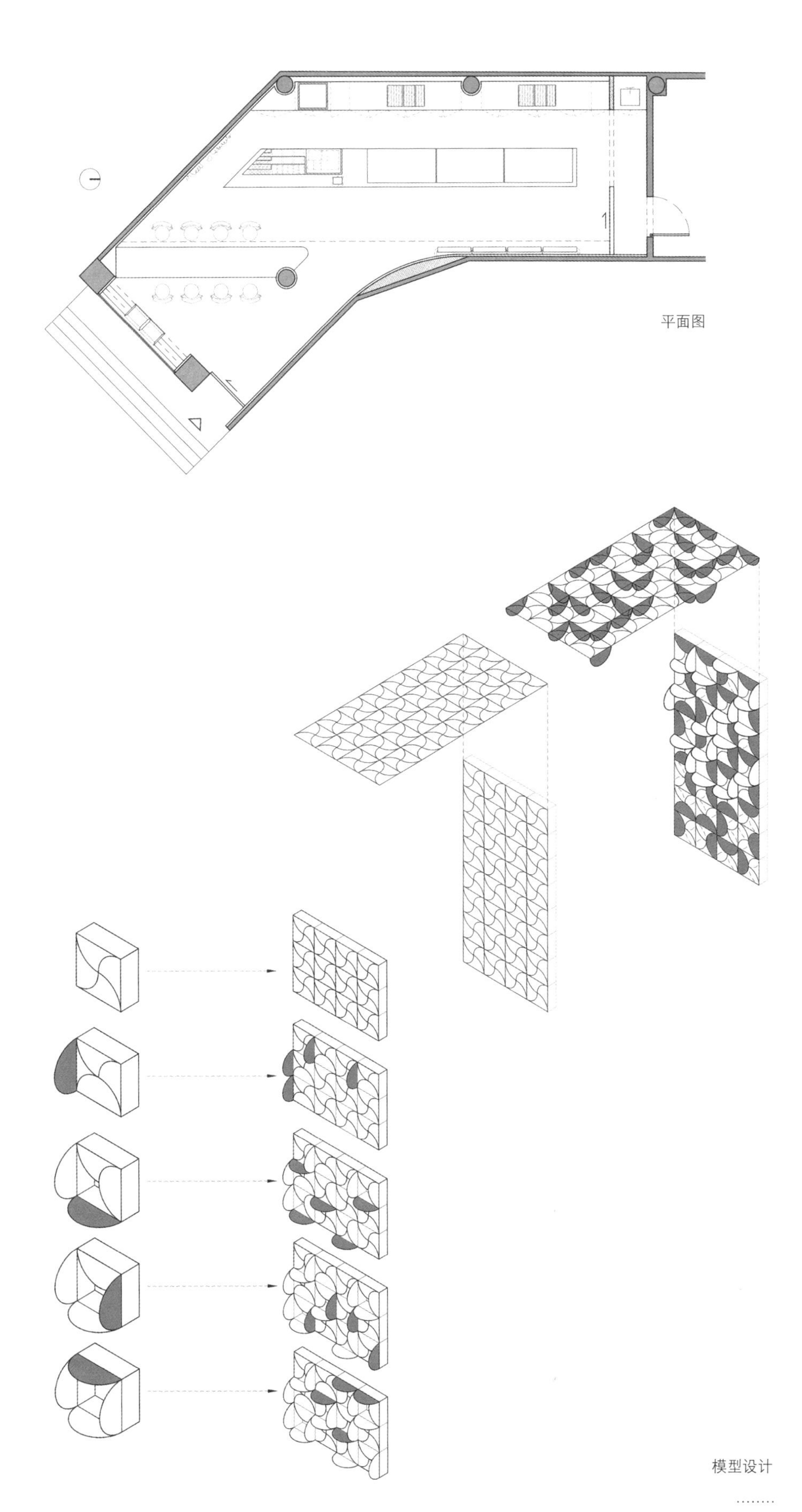

平面图

模型设计

统一的不锈钢风格

- 项目名称
  MR.MAIMAi 麦丘梵面包店
- 地点
  中国，杭州
- 面积
  45 平方米
- 完成时间
  2016
- 室内设计
  杭州啊嗯室内设计有限公司
  （翁善伟）
- 摄影
  刘宇杰

这是一个嵌入购物中心的不锈钢体块。提拉、推伸的线性体块对空间进行包裹，巨大的倾斜面在不干扰功能的情况下，形成新的张力和景观。在这个全部使用不锈钢打造的小空间里，纯粹的质感成为体验的第一要素。人们迷失在大型购物中心里，而这里是一个临时的休憩地。

该空间是半弧形开敞式的边厅，约 45 平方米，不属于独立店铺。有消防栓与承重墙的一侧空间约 2 米宽，0.9 米长，顶部倾斜插入，正对着大楼扶梯。整个空间的 1/4 被遮挡，只有两个方向可以进出。设计的重点是在柱体的周边形成一种景观，对于柱体本身形成一种遮掩，从而使空间的表达没有那么直白。

特制的吧台设置在柱体的背后，延展至整个空间。存放面包、蛋糕的单层玻璃盒体，配上截面的黑色丝网印刷，让食物保持新鲜的同时，展现诱人的色泽。

就餐区对外开放，以课桌椅的形式排列，客人面向同一个方向，增添就餐时的小趣味。柱体侧

面采用 V 形结构，墙面采用直面和斜面的相交错，所有的结构都是直线条的，简单利落，所有的直线条又都是连续的、变化的。

该空间只使用了一种材质——拉丝不锈钢。主体灯光隐藏在结构里，局部用亚克力覆盖光源，让不锈钢产生柔和的光泽。

平面图

树荫下的用餐体验

- **项目名称**
  “树”工程
- **地点**
  中国，上海
- **面积**
  53 平方米
- **完成时间**
  2015
- **室内设计**
  芝作室（陆颖芝，蔡金红，林宝意，舒炜）
- **摄影**
  彼得·迪克西，洛唐建筑摄影，陆颖芝

一个品牌若要在众多蛋糕零售店中脱颖而出，需要概念鲜明的店铺设计。芝作室的创作灵感来自于蛋糕制作和室内设计的共同之处，塑造的过程。受到品牌商标上一只小鸟的启发，芝作室决定设计、创造一棵“树”。它既能成为小鸟的家，也能为顾客撑起一片充满庇护感的树荫，获得在大自然中用餐的体验。“树”的表达形式成为这次芝作室“塑造”实验的课题，以下的一系列设计记录了这个概念在具体实践中与销售需要、场地条件等限制因素的磨合过程。

该店铺选址于尚嘉中心店地下二层，场地中间有一个巨大的柱子，芝作室将此视为一个进行“塑造”实验的好机会：把这个柱子变身成为一棵从地面延伸到顶部的大树干，在空中展开形成一个蜿蜒盘曲的“大树荫”。内嵌不同蛋糕图片的“观察孔”高高低低地分布在树干上，好像啄木鸟留下的痕迹，激起行人的童真与好奇心，吸引他们前来看个究竟。

芝作室还为此大树设计了一套定制桌子——“Twiggy”系列，概念来源于一个简单的构思：

用轻盈的细树枝托起一片可供使用的木台面。每根树枝桌腿的顶部生长出分枝，方便顾客将手提包挂在上面。此外，正方形和扇形的台面设计也使得这些在“大树”下的桌子可以根据不同的人数和场合做出灵活多样的布置组合。

Step4
Step1

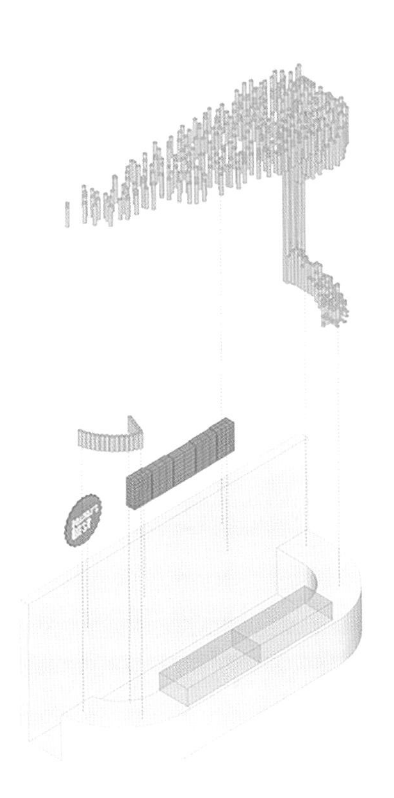

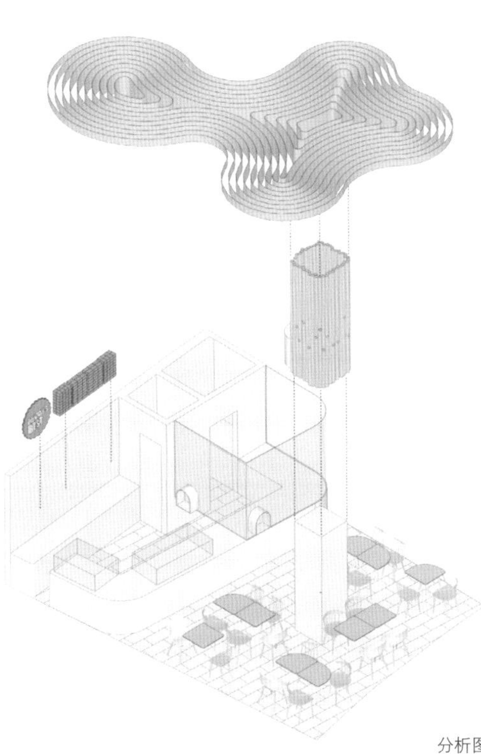

分析图

怀旧中透露着异域风情

- 项目名称
  Binario 11 烘焙店
- 地点
  意大利，米兰
- 面积
  150 平方米
- 完成时间
  2013
- 室内设计
  Andrea Langhi 设计公司
- 摄影
  丹尼尔·多梅尼卡利

Binario 11 位于意大利米兰的中央火车站，有十条铁轨交会于此。店铺由 Andrea Langhi 设计公司所设计，位于一栋古老的豪宅内，店面分为两个不同的区域：面包店和餐厅。

面包店悬挂着意大利文艺复兴时期的画家阿尼奥洛·布伦齐诺的复制品，地板也采用了最好的意大利镶嵌工艺。在一面黑色的背墙上，写着诗人乔凡尼·帕斯科里的诗集，描绘了面包制作的过程，结合新颖的建筑用砖和工业照明，创造出一个全新的食品展现方式，彰显了意大利式烘焙的精华之处。铭记对美好事物、美味食物的热爱，这样过的每一天都将与众不同。在这里，人们不仅可以享受到美味的烘焙食物，还能感受到意大利的古典文化。

餐厅的设计更显浪漫，设计师试图将人们带回怀旧的“东方快车时代”，这里的地板采用黑白棋盘的样式，巧妙的混合风格带出一丝异国情调。带有锡顶的吧台略显复古，给人以怀旧的感觉。餐厅内含有中层楼，内置桌椅，俯瞰地面，客人可以欣赏到圆形吊灯照亮的整个空

间。中层楼相对安静，客人可以在此休息、回味美食。

柜台由旧的行李箱组成，一切设计都能让游客回忆起旅程的浪漫和那记忆犹新的交通工具：火车。这里展现出了一种混合着不同风格的异国情调。随着时间的流逝，有些东西会被完全忘记，但是在这家店里，一切都是值得记忆的。

平面图

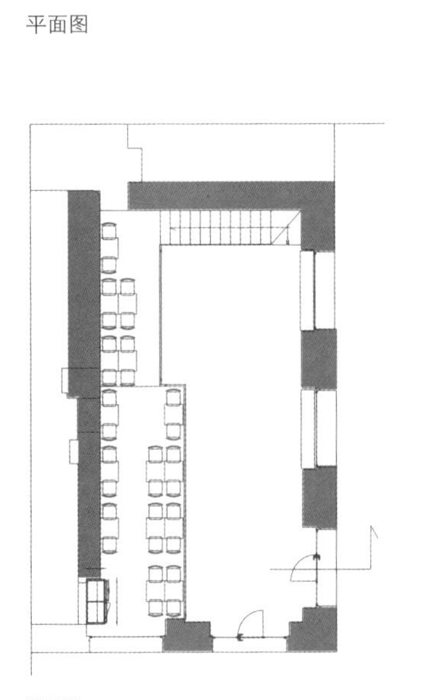

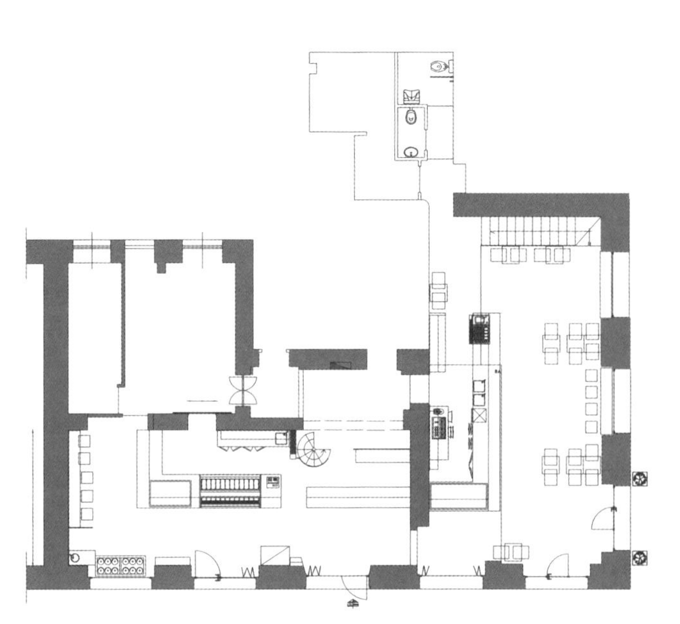

裸露的墙壁和红砖凸显的历史痕迹

- **项目名称**
  小巷记忆
- **地点**
  中国，台湾，台北
- **面积**
  164 平方米
- **完成时间**
  2016
- **室内设计**
  柏成设计（邱柏文，王菱檥，杨宗翰）
- **摄影**
  扎克·霍恩

这是一栋业主家族传承下来的老房子，坐落于大家耳熟能详的台北相机街——汉口街。

设计公司尝试探索这栋老建筑本身的元素与背后的家族历史痕迹，想象这空间带领我们穿越时间长廊，感受上一代留下来的美学及精神。建筑所在的城中区也代表着台北市西区的过往与转型后的对比。设计师在与业主充分沟通后了解了建筑当初的旧面貌，然后将历史与现代、台式与美式在这空间中融合起来。

20 世纪 60 年代的砖造街屋，记录了台湾经济起飞的时代，因此设计师刻意让红砖外露，以此记录这个时代的演进，并且呼应业主的品牌精神，向传统经典致敬。城中区曾经是台北市的心脏，设计师从临近的传统市场汲取灵感，并且融合业主在美国生活十几年的成长经历，尝试创造一个街屋内的市场，运用台湾市场的元素，重塑美式烘焙的氛围。

设计师发现，原来老房的“温度”就藏在他们从未注意的细节中，屋内原有的建材及古家具，

透着时间累积出来的层次感。而后，他们重新评估结构，将二楼楼板挖空，让传统的街屋有垂直的连通性，让一、二楼开始对话，而二楼的长桌又将这个挖空区域连接起来，使座位区既有间隔，也有连接。铁件的结构体外露，展示空间的本质，呼应美式甜点的不造作。

此外，老屋本身的旧建材也被重新利用，旧建材上取下的木头被改造成客人使用的木桌、装饰墙以及摆放蛋糕的木砧板。其中一道古董墙面就是将以前的抽屉和窗户拆卸下来，利用精致的手工艺法重新涂白，从而产生一面具有空间质感的历史墙。

这家店展现的是一种态度，一种不做作、不过分精致的原始风格，一种坚持传承历史的家族情感。以台北最美、最独特的小巷记忆，结合既传统又现代的美式烘焙甜点，整个空间传承着过去的美好，也融合了新时代的趣味。

二楼平面图

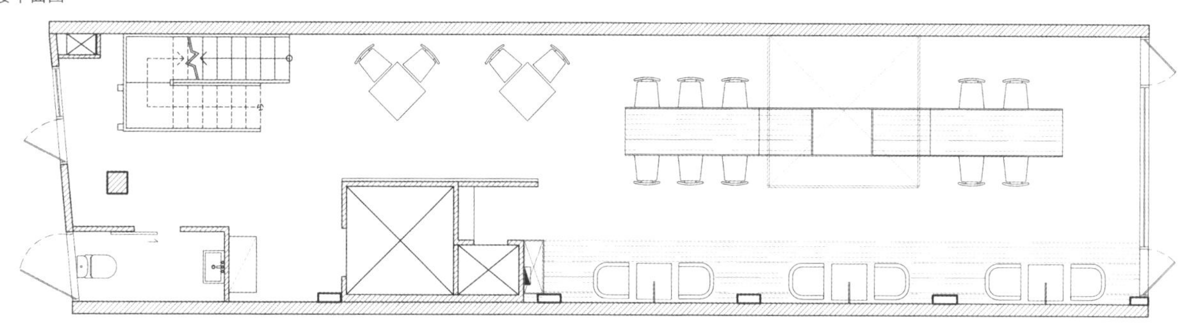

一楼平面图

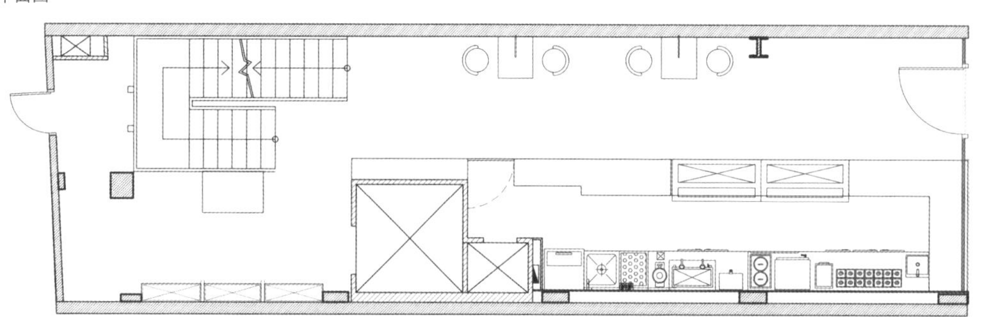

HERITAGE
Bakery and Cafe

HERITAGE

時代大樓

印度传统材料的移植

- 项目名称
  Kushino No Panya 烘焙店
- 地点
  日本，千叶市
- 面积
  45 平方米
- 完成时间
  2016
- 室内设计
  Hand&Design, Rungta
- 摄影
  芳贺希美

2016 年，该店在新开发的住宅区内开业。店铺的设计理念是让人钟爱的、持久的商店，所以设计师把重点放在使用可持续的自然材料上。为了实现这个目标，设计师与印度的工匠进行合作。

在日本，许多传统技艺已经失传，但是在印度，数百年前传统的技术依然流传，很多工匠仍沿用至今。每每看到他们在做耗时的手工工艺品时，设计师都会感到惊奇，并肃然起敬。设计师亲自前往印度，选取传统的古老木材或可持续的天然材料。为了融入这道工序，设计师亲自参与从生产到传输的过程。

为了使那些参观商店的顾客可以倍感温暖，设计师尽量选用天然材料作为空间的组成部分，减少塑料和胶合板的使用，从而呼应天然的、新鲜的手工面包。当然，这也是从环保的角度去考虑的。

为了制造 4 厘米厚的大理石台面和地板砖，设计师找到了 8 立方米的大理石坯料。经过质量

检查，确定统一矿脉后，设计师逐一开采，并将之制成传统的吧台、餐桌和地板砖。厨房的古董柚木门距今约已有 150 年的历史，其原始尺寸超过 3 米。设计师还把从柱子和横梁上取下来的古老木材进行重新利用，制成货架和家具，这些木材均来自古老的王公宫殿或府邸。

在天花板照明方面，设计师请当地的传统工匠截取木材，以制造天花板照明材料。所有的作品都是由工匠手工制成的，因为这些作品无法批量生产，也很耗时。客户亲自帮助设计师铺装了大理石地板瓷砖，也因此了解到印度工匠的艰苦。

平面图

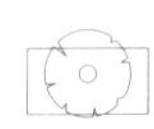

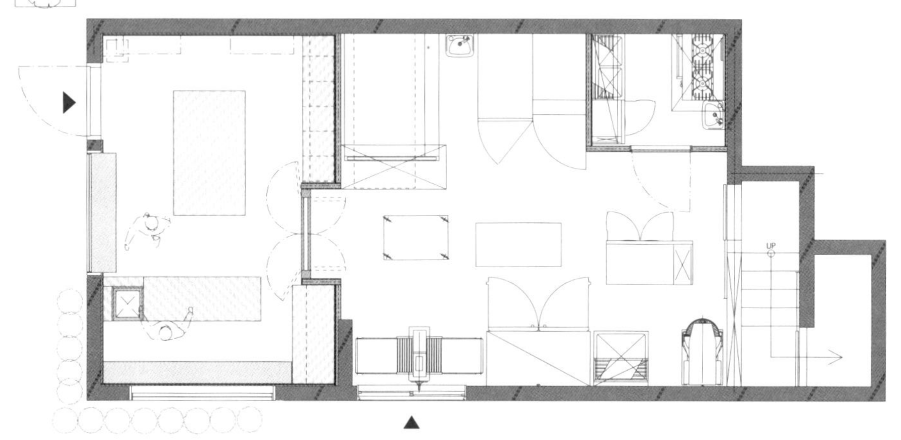

剖面图

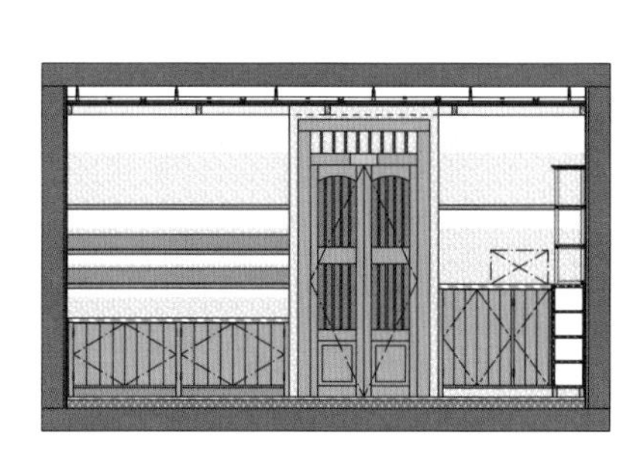

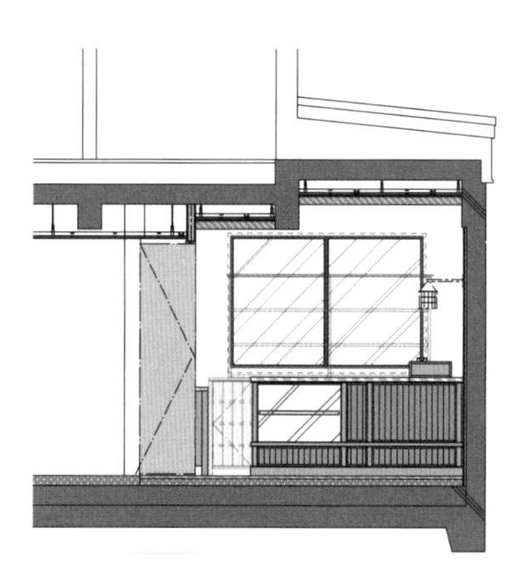

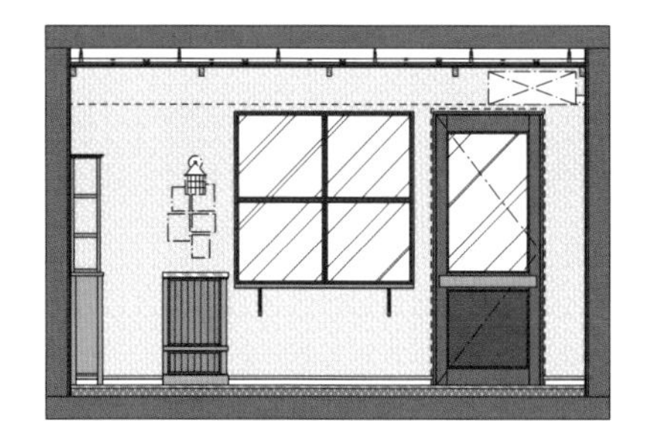

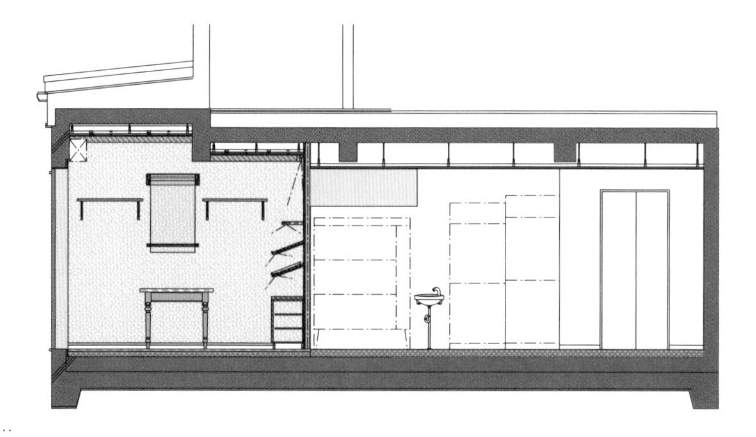

"黑色"甜蜜

- 项目名称
  Manteigaria 烘焙店
- 地点
  葡萄牙，里斯本
- 面积
  70 平方米
- 完成时间
  2016
- 室内设计
  DC.AD 工作室
- 摄影
  弗朗西斯科·诺盖拉

Manteigaria 位于里斯本的利贝拉市场，是一家蛋挞烘焙店。店铺布局由设计师弗朗西斯科为其量身定制：以设计师的连续性设计逻辑为中心，结合预先确定的涂饰原料、黑色的墙面瓷砖、柜台和工作台的大理石石材，共同呈现店内景象。

该项目围绕着店铺的空间进行设计，且该空间由市场中两个相对独立的商店所构成。在此前提下，设计师将其设计成一个单一空间，却有两个店面——一个面向市场内部，另一个面向毗邻的大道开放，两个店面互相连接，共享同一个厨房。两个店面的销售点与中心厨房之间装有透明玻璃板，以便顾客可以观察蛋挞的制作过程。同时，有了玻璃板的存在，市场的内外部环境得以相互公开，形成一个独立又独特的场所。

在面向大道开放的店面中，有一个中央柜台为顾客服务，柜台通过两个现有的窗户与外部直接相连。窗口经过改造，可以自动向外打开，为顾客提供外带服务。同时，商店内部也设有柜台，

可供顾客在店内用餐。就面向市场内部的店面而言，其设计概念采用了“拿上就走”的外带形式，设计了两个面向美食广场内部的柜台，这点与市场上的其他商店类似。

商店的氛围设计受到传统的现有市场的设计逻辑的启发，利用黑色金属结构进行架构，再通过固定的或可移动的玻璃板材、石制板材，将商店分成三个不同的功能分区。尽管设计师有义务使用原定的涂饰原料，但也引进了一些新的材料，使空间形成了一个独特的环境，特别是在彩花绿的大理石面板上，引入了新的纹理和色斑。

特制的悬挂吊灯凸显了天花板的高度，同时，结合当代构造性逻辑，并参考古典设计语言，力求达到干预方案原则，实现当代干预设计与城市历史定位之间的平衡。

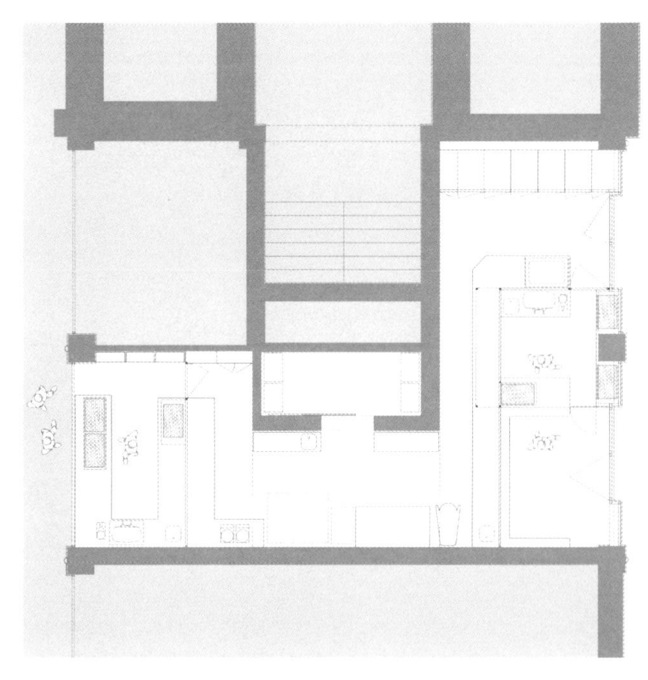

平面图

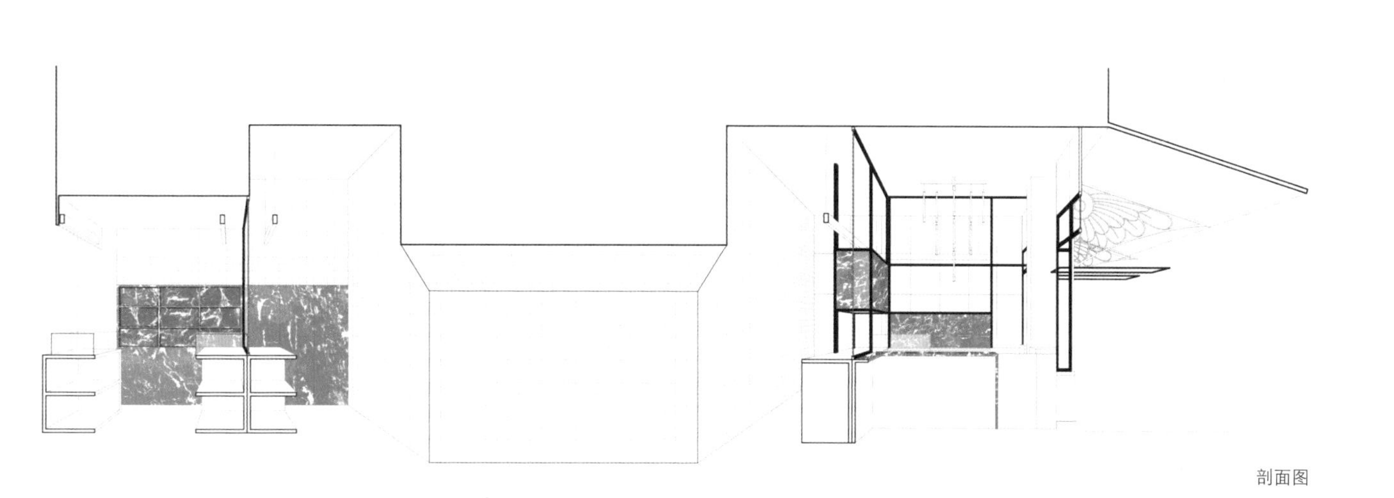

剖面图

雪松木球打造的泡沫空间

- 项目名称
  Omonia 烘焙店
- 地点
  美国，纽约
- 面积
  111 平方米
- 完成时间
  2012
- 室内设计
  bluarch 公司
- 摄影
  bluarch 公司

该烘焙店是著名品牌 Omonia 的又一新店，该店主要制作、销售希腊糕点，店内烘焙制品的制作过程可以让顾客透过全透明厨房观看得一清二楚。

Omonia 店内设计尊崇对放纵、享乐的追求，务求让经历了一天忙碌生活的现代都市人得到一个放松、舒缓的空间。内部空间整体给人一种柔软、温暖、性感又带有少许堕落的感觉。设计师希望可以通过装饰使糕点烘焙的胚子、液体调制品以及配料的形态得以展现。空间之间的切换是随着味道的渐变进行展开的，给顾客一种正在品尝美食的感觉。

在内部空间中，所见大多为流体表面，并铺以巧克力棕色的瓷砖，使得天花板和边墙产生高低不同的层次感。天花板以 3D 建模，并用计算机数控铣床制造装配，实现了平滑曲线和自然过渡的效果，最终制成复杂的几何形状的天花板。设计师专门从意大利南部请来意式工匠，对天花板进行铺装，材料均选用意大利高端品牌 Bisazza 的小块瓷砖。天花板表面形似泡沫，配

以 15 厘米长的管状白炽灯和红雪松木球。灯具放置在巧克力棕色的天花板和雪松球之间，散发出一种柔和的、温暖的光芒。环氧树脂地板一直延伸到墙壁上，并切成片状，覆盖墙角。隔板和 LED 灯条引领着巧克力色表面的过渡。

厨房的透明性也是卖点之一，不过设计方面力求简单，仅用一个钢化玻璃箱完成。这样一来，精致考究的店内设计与精制的糕点制作技艺遥相呼应，相得益彰。

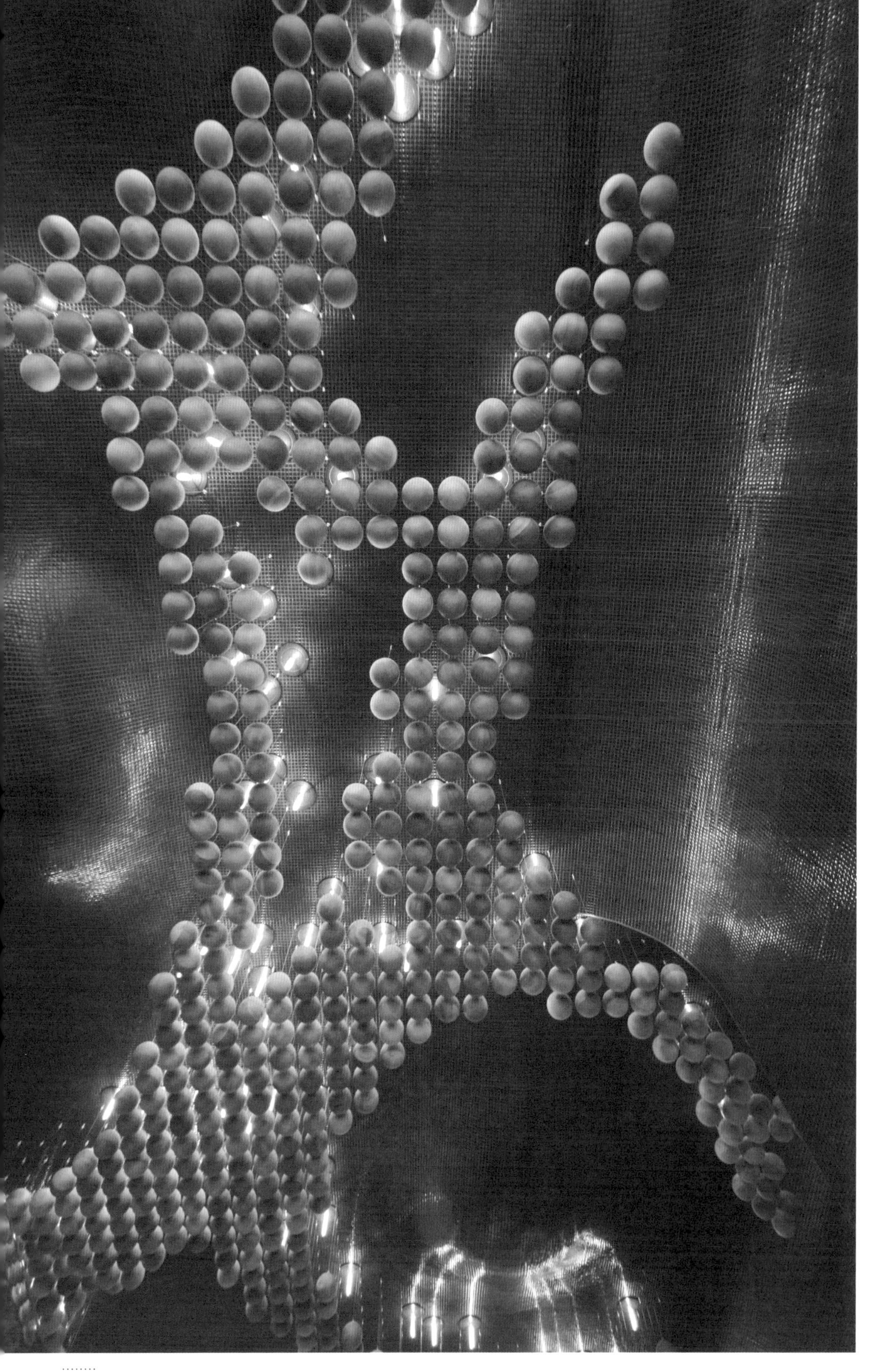

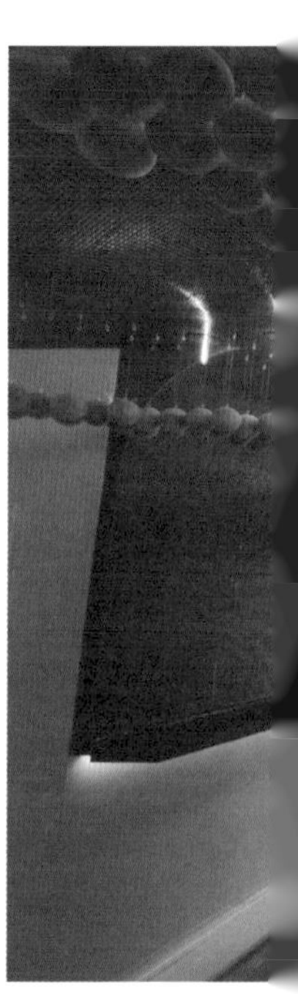

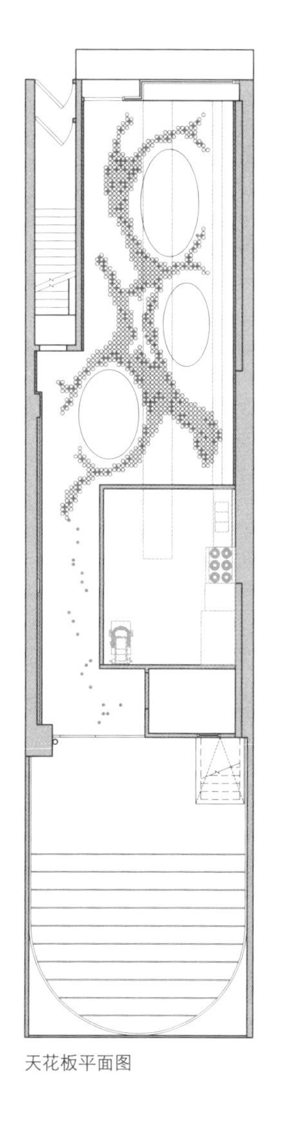

天花板平面图

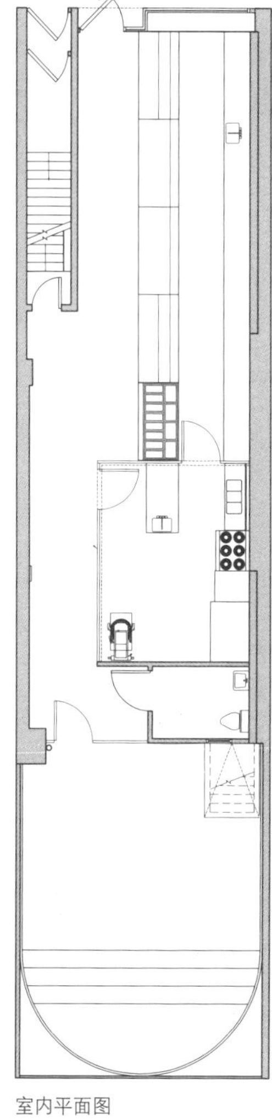

室内平面图

鲜艳色彩营造的愉悦氛围

- **项目名称**
  Padarie 烘焙店
- **地点**
  巴西，阿雷格里港
- **面积**
  250 平方米
- **完成时间**
  2013
- **室内设计**
  MAG 建筑公司
- **摄影**
  马塞洛·多纳杜西

Padarie 烘焙店位于巴西阿雷格里港一栋两层的建筑里，项目改造包括三个方面：消费顺序、区域划分、智能流通。一楼设有客户区域和配套设施，包括：茶室、店面、收银台、柜台、洗手间、小后院、储藏室、厨房、供工作人员使用的浴室和更衣室。二楼设有行政办公室、储藏室、面包房、糕点店和冷冻室。

原来的楼梯被更换了位置，使空间流通更加高效和动态。服务区都是连通的。为了更好地利用空间，柜台和展示柜被安置在了楼梯下方。

顾客区的桌、椅、长凳被涂上了不同色彩，为整个空间带来活泼的气息。在后面，小商店和收银台靠近德式风格的酒吧门口，通向休息室。整个空间很干净，充满了细节设计。墙上某些画被磨损了，露出下面的实心砖层。柱子上覆盖着湿地松板。铰接式灯具和铁路探照灯起到了营造空间气氛的作用。收银台和柜台铺着白色瓷砖，增添了空间个性。

外立面采用了一层特制的“面罩”，是用一组形如小麦穗的彩色金属遮阳板组成的，既保护了

储藏室和办公室的隐私，又不遮挡阳光。“面罩”同时也暗喻面包的主要原料：小麦。店面前面的木质凉棚，划分出了户外休息区。设计师完美地打造出了 Padarie 在镇上独有的个性及辨识度。

立面图

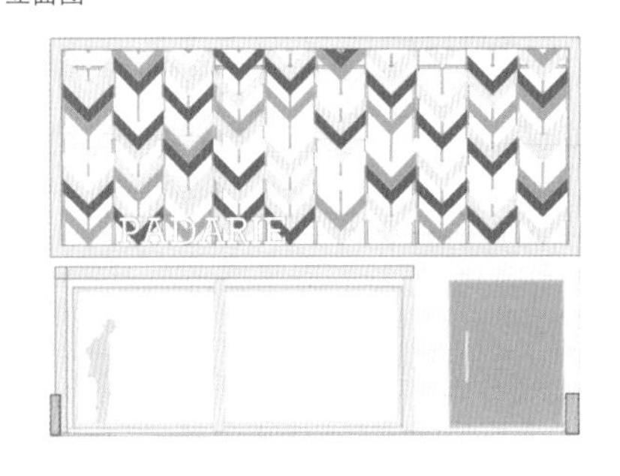

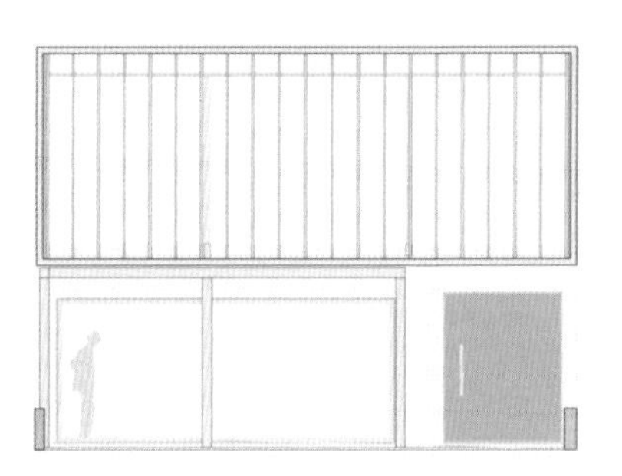

剖面图

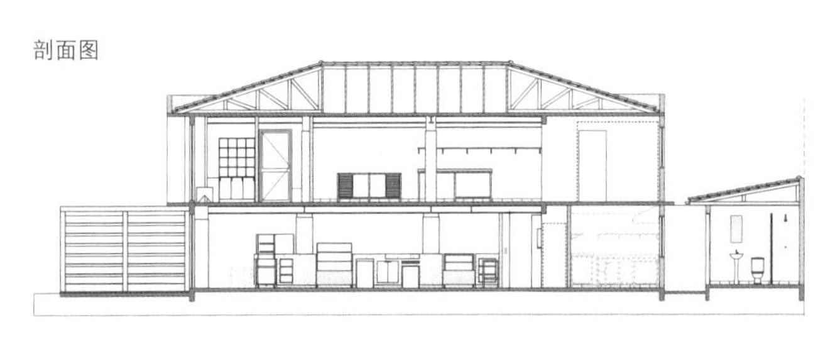

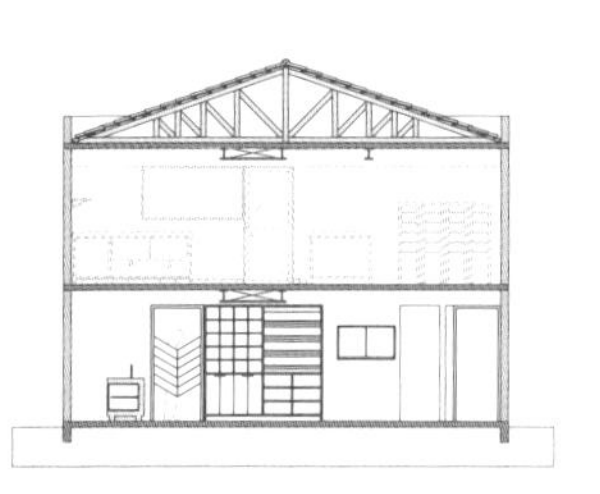

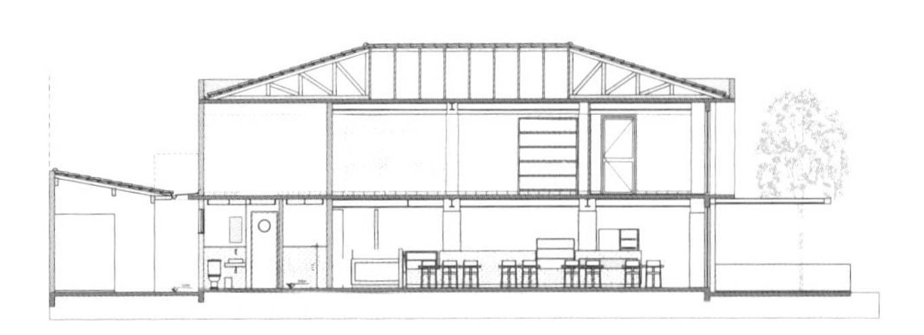

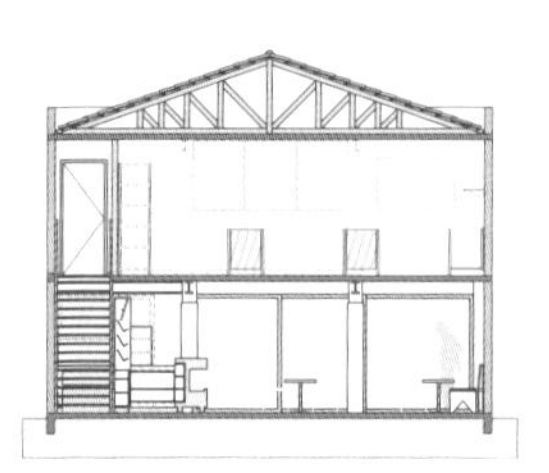

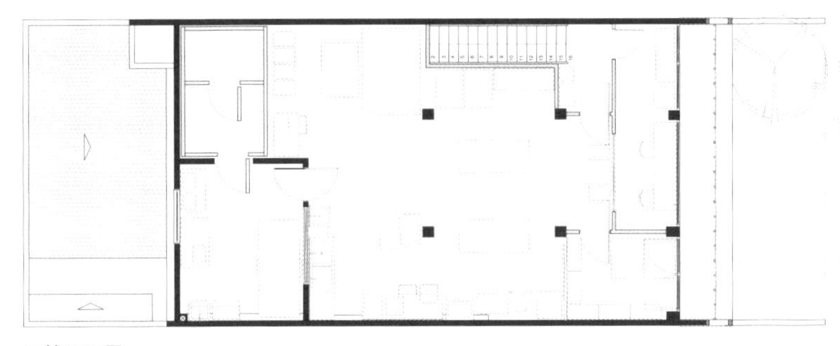

二楼平面图

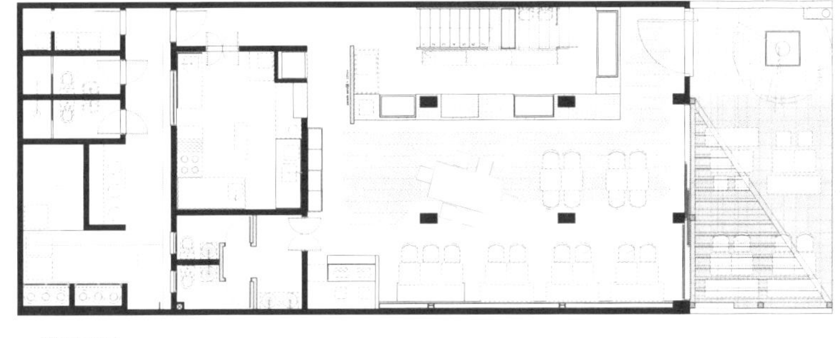

一楼平面图

自然与工业的混搭风

- **项目名称**
  Panemar 烘焙店
- **地点**
  罗马尼亚，特兰西瓦尼亚
- **面积**
  140 平方米
- **完成时间**
  2018
- **室内设计**
  Todor Cosmin 工作室
- **摄影**
  埃姆·约瓦

该项目是 Panemar 烘焙店在克鲁日（位于罗马尼亚，特兰西瓦尼亚）的一家新的连锁店，创意理念背后的想法是通过现代的方式对传统价值进行的全新的诠释与复兴。设计旨在揭示品牌价值观——激情、自信，同时也包括产品的本质——新鲜、自然和质朴。

家具、地板、装饰原木以及侧壁上的立体标志都是由天然的粗木制成的，在颜色上类似于小麦色。空间中央摆放着工作台，木材和玻璃立方体的组合仿佛悬浮在由陶瓷片制成的图案之上。餐椅、扶手椅和沙发上覆盖着绿色系的外套，散发着清新的气息，与其他的装饰材料，如金属、木材、陶瓷、玻璃或天然石材和谐、有机地结合在一起，为面包店的内部环境提供了满满的活力。

同时，空间两边安装的大面积窗户，与其他所有的玻璃元素，共同完成了空间透明度的要求，确保了室内与室外之间、烘焙坊与商业长廊之间良好的视觉连接。新鲜、自然风格的组合与天花板上依稀可见电线的工业风格形成对比。砖

墙和带有金属框架的大窗户形成了阁楼式的外观，空间内的一切完美融合，营造了温暖、简单和热情的感觉。

如果在刚开始的时候，融合新与旧、传统与现代是一场真正的挑战，那么最后，创造出一个最具活力和吸引力的，能够体现社会互动的空间，则是设计师最大的目的之一。

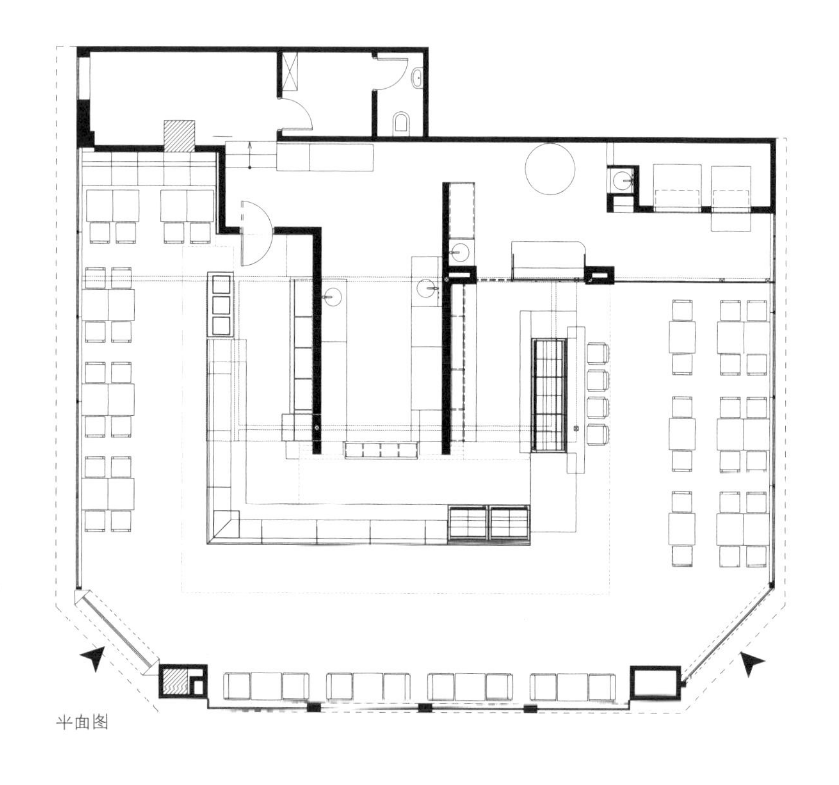

平面图

cadoro mobili

软墙与暖白灯光呈现的精致空间

- **项目名称**
  Petit Lapin 烘焙店
- **地点**
  加拿大，韦斯特蒙特
- **面积**
  342 平方米
- **完成时间**
  2015
- **室内设计**
  Open Form 建筑公司
- **摄影**
  阿德里安·威廉姆斯

这家店位于韦斯特蒙特的维多利亚大道上的地下商场里，店内有一条约 1.8 米宽的走廊，连接着街道入口。

该项目的挑战是如何激起行人的好奇心，吸引他们进入店中。为了做到这一点，设计公司创作了一系列纹理表面，并采用模块化的"软墙"系统与集成 LED 照明灯，用以展示糕点，突出入口走廊，营造出富丽堂皇的视觉盛宴。"软墙"在墙壁和天花板上持续展开，引导消费者在商店入口和楼下柜台之间穿行。

店铺采用极简主义形式进行装饰，空间明亮、简洁，便于展示糕点师的定制作品，并以此创造出一个视觉焦点，无论是白天还是晚上，都可以在街道上看到。沿着街道与地下商场之间的墙壁和天花板上，LED 灯条像连绵不断的艺术品一样被悬挂起来，使融入模块化的"软墙"系统，散发出温暖的白色色调。这种奇妙的光源凸显了白色纺织纤维模块的精致，渲染了流体运动的表现形式，使之如魔法般吸引着顾客。当光线在半透明的纤维线条和折痕中穿行时，糕点便显得精美、诱人。

糕点店的视觉形象不仅是由其精致、柔和的色调来定义的，更是它的纹理和它的连续性表面所定义的。灵活的“软墙”分隔系统采用烤盘衬纸的波纹和柔性作为象征。由100%可回收的聚乙烯制成的半透明的白色模块，凸显了灯光的造型设计，展现了折痕的精致结构。“软墙”和白色石英台面从街道入口一直延伸至商店内，使得整个设计方案整齐一致，表现了店铺形象与空间构造之间的联系，并通过有序的空间结构，整齐的家具、甜点和空间排列，凸显了动态的连续性概念。该项目荣获北美知名设计大奖“GRANDS PRIX DU DESIGN”的“最佳外观奖”。

平面图

剖面图

绿叶枝丫间的旋转空间

- 项目名称
  将将甜品店
- 地点
  中国，北京
- 面积
  136 平方米
- 完成时间
  2015
- 建筑设计
  迹·建筑事务所（华黎，张锋，李若星，刘沛艺，吴昊）
- 摄影
  陈颢

这家店位于三里屯北京机电大院内。北京机电大院西侧与三里屯 SOHO 为邻，西北侧与三里屯 VILLAGE 相邻，属于高消费社区。该店被定位为法式甜品店，夜晚兼具酒吧的功能。

场地面积为 59.5 平方米，内有两棵直径为 45 厘米的加拿大杨树，并且其中一棵在 2.5 米高处分叉，斜向从场地内伸出到场地外。场地周围也分布着多棵加拿大杨树，它们与建筑成相邻或穿插的紧密关系。在场地之外，店主租用场地北部香港餐厅的屋顶平台作为室外堂食空间使用，面积为 189.5 平方米，6 棵加杨穿过香港餐厅屋面，并高于屋顶。

甜品店的一楼为甜品展台和厨房，一楼以上为用餐区，屋顶用作室外平台，供顾客用餐和休憩之用。设计中考虑的第一个问题是如何引导顾客在一楼购买甜品之后走向二楼的就餐空间，进而走向树冠隐蔽的屋顶平台。作为解决的方案，设计师将二楼楼板由一个整体分离为三个高度不同的平台，它们飘浮在空中，分离的缝隙让顾客在进门之后即可体会到上层空间的延续

和旋转。同时，分散的体量利于建筑与在场地中伸展的树枝构成一种有机的关系。将小尺度空间进一步划分为更小的单元，这样的做法使建筑中的人与人、人与树之间形成更加亲密的关系。大、小，高、低各异的空间让人与树木之间产生不同角度的亲密接触，螺旋向上的楼梯一直穿梭在绿叶枝丫之间。

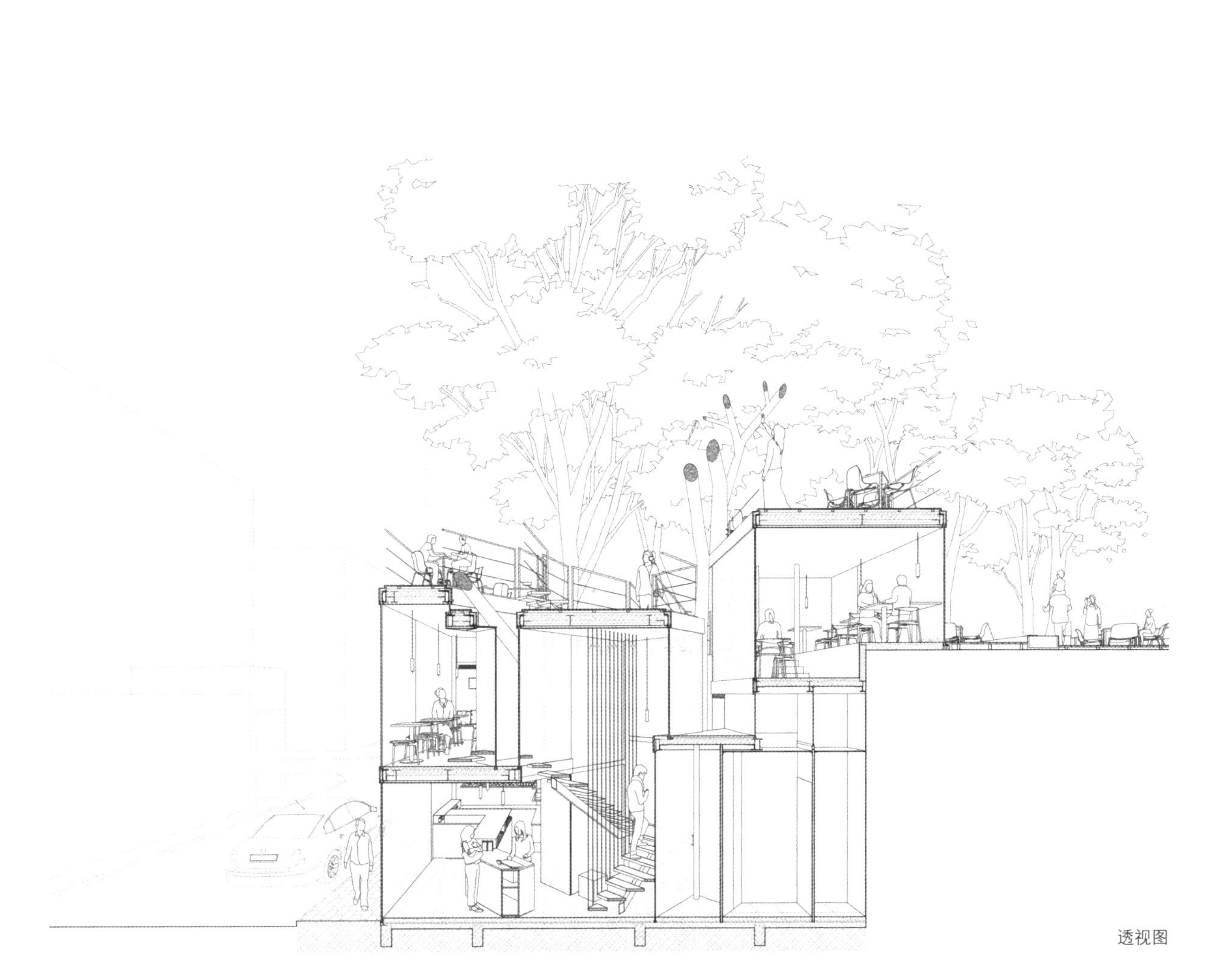

透视图

剖面图

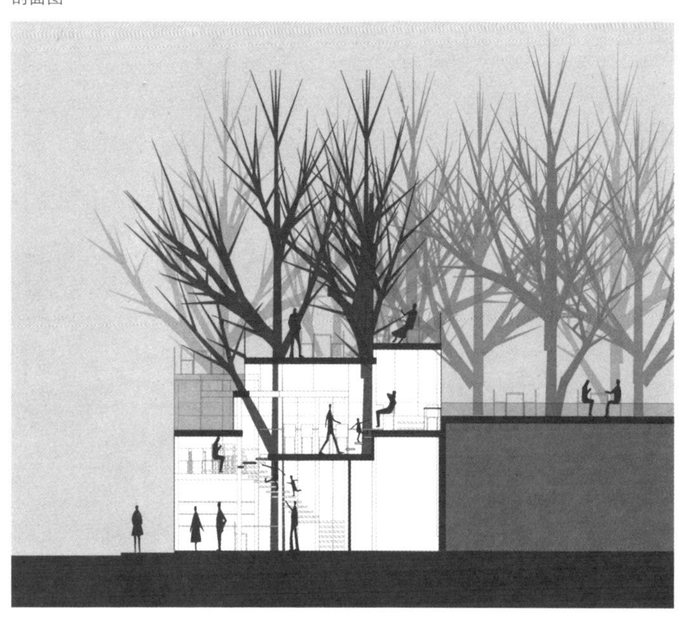

浅灰色的日式简约

- **项目名称**
  TiensTiens 烘焙店
- **地点**
  日本，群马县，桐生市
- **面积**
  280 平方米
- **完成时间**
  2013
- **室内设计**
  SNARK 工作室
- **摄影**
  新泽一平

在日本群马县桐生市，TiensTiens 烘焙店是第一家以店铺扩展为目标的原型店，它于 1930 年开始经营。

该项目是翻新这家历史悠久的面包店，旨在使其成为一种新型企业，结合当地和全球加盟店的特点。

设计师的设计理念极为简单，以浅灰色作为品牌的主打颜色，即瓷砖、灯具、钢制框架和土质地板，都是浅灰色的。清新的颜色和质感多样的材料，使内部色调平衡均匀，凸显了法式糕点店的特点。顶部隔板采用结实的橡木制成，增加了室内的保温效果。大片的玻璃落地窗，纤细的框架，让整个面包店都能充满温暖的阳光。

天花板内嵌入荧光灯，使整个空间看上去干净、整洁。中心放置的大型家具与收银台上方的聚光灯构成了垂直的内部空间。简约的室内设计，精心摆放的家具，以及壁架下内嵌的 LED 灯，为顾客营造出舒适的购物体验。

货架右侧的空间装有冷藏装置，这样便于三明治等产品的保存。餐桌位于收银台旁边，也是采用实心橡木制作而成，与顶部隔板相呼应，并饰以船用灯具。收银台旁边墙上装饰的商标是用钢板制作而成的。

面包店的广告牌是霓虹灯样式的，入口和出口标志位于广告牌两侧。从停车场出来的路段坡度相对较大，老人和孩子需要格外注意。

浅灰色配以木质家具、柔和的灯光、自然的阳光，使整个空间协调一致，同时也营造了干净、明亮的氛围。

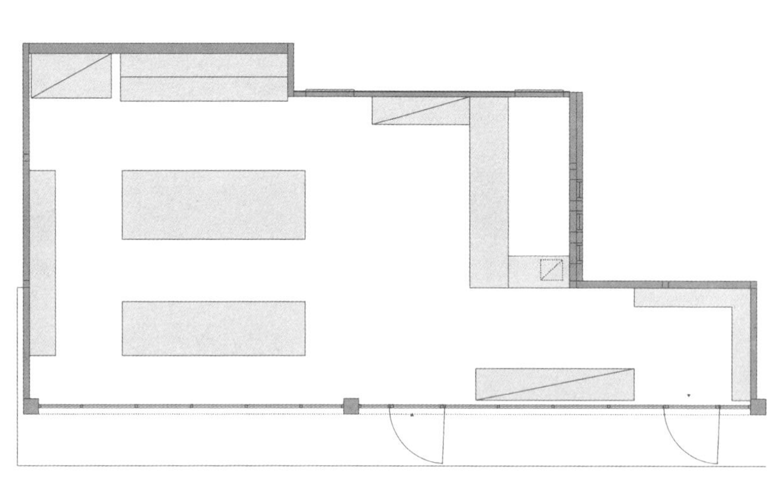

平面图

点点灯光下的温馨

- **项目名称**
  Ströck Feierabend 烘焙店
- **地点**
  奥地利，维也纳
- **面积**
  123 平方米
- **完成时间**
  2014
- **室内设计**
  JHP 设计公司
- **摄影**
  Ströck

维也纳烘焙连锁品牌 Ströck 刚刚推出了最新的经营形式——一家融合了烘焙店与酒吧的混合餐厅，即 Ströck Feierabend 烘焙店。

Ströck 在买下其烘焙店附近的场地后，便想要开一家超过传统运营时间的烘焙店，为此，JHP 设计公司为其开发了一个最新的经营形式。于是，拥有创新经营理念的 Strank Feerabend 烘焙店便应运而生了。它白天是一个全天营业的烘焙坊，晚上是餐厅和酒吧，但所有的设计都是围绕着品牌的核心产品——面包进行的。

为了从更长的营业时间中获利，Ströck 开发了一个新的菜单，菜系均是以面包为基础，并据此搭配配菜，包括汤、切肉、沙拉，同时还提供晚餐，如比萨。顾客既可以在店内用餐，也可以外带。新店还提供最好的维也纳咖啡、当地啤酒以及奥地利葡萄酒。

店面是以工业和实用主义为基调进行设计的，选用简约的材料和颜色，例如：铜制的吧台台顶、漂白木料做成的吧台前板、石头覆盖的墙壁，以及暖色调的瓷砖。

新店的主要特征就是超长的运营时间，白天是烘焙坊，夜晚是酒吧。不断变化的黑板后墙，以及 80 个悬挂的玻璃罐灯具，不断吸引着那些夜间行人。为了新店开张，店主委托当地熟识 Ströck 的艺术家，为黑板墙进行了插画创作。

为了与邻近的商店保持一致，新店门面采用了水泥制成的门面和工业风格的金属框架，以体现出经典都市面包店的本质。在新店的架构、零售设计、视觉运营、产品展览、食品展示、品牌传播、菜单和制服等方面，JHP 设计公司都起了重要的作用。

SCHON GEW
→ 100% österreichi
→ Handwerkliches
→ Rezepte ohne Zu
bei allen Brot- &
Kleingebäcksorten
BROT IST
UNSER LEBEN,
SO EINFACH
IST DAS ...
Brot & Wein
EST. 2012

平面图

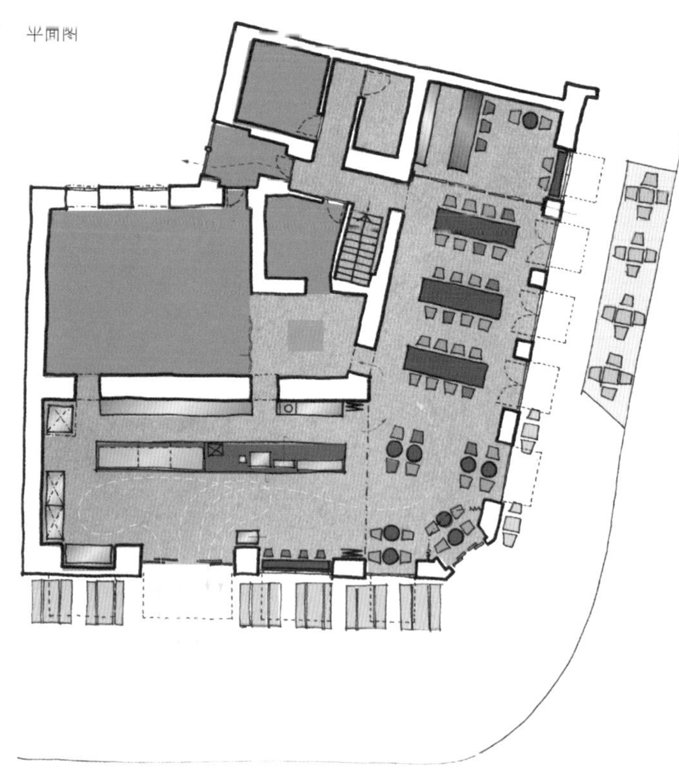

Handwerkliches
bei allen Brot- &
Feierabend
Brot & Wein
EST. 2013

糖块与水晶的甜蜜

- **项目名称**
  SHUGAA 烘焙店
- **地点**
  泰国，曼谷
- **面积**
  100 平方米
- **完成时间**
  2016
- **室内设计**
  party/space/design 公司
- **摄影**
  F Sections

SHUGAA 是曼谷的一家提供法式精致甜点的烘焙店，泰国厨师亲自制定的创意菜单和甜品常常会带给顾客惊喜。这些食品最终成为 SHUGAA 室内设计中随处可见的“糖晶体”元素的灵感来源。

该设计的概念是从糖的基本构成，即糖分子和晶体的形式而来。从室外透过玻璃外墙向内看，悬挂在眼前的是晶体一样的多边形构架。此外，在设计中使用木质材料融合薄荷绿的颜色，营造出温暖、朴实的氛围。设计团队还通过使用玫瑰金色和大理石吧台增加了几许现代和奢华之感。

一进入甜点屋，首先映入眼帘的就是供顾客休息和享用甜点的桌椅。当他们坐下时就能看到，由特殊建筑技术制作而成的多面体背景墙，为整个空间增添了有趣的立体感。天花板上悬吊的糖块状的玫瑰金色的灯具，让空间的层次更加丰富。连接一楼和二楼，由亚克力盒子叠加而成的水晶螺旋楼梯构成了整个设计的亮点。

当顾客走上二楼时，他们将会惊讶于眼前的厨师准备甜点的景象。流线的终点是一个在阅读和工作时享受甜点最理想和安静的私人空间。另外，这里还可以成为一间开放式的甜点和软糖工作室，为那些对甜点有着同样热情的人们提供学习和制作的机会。

SHUGAA
room for dessert

SHUGAA
room for dessert

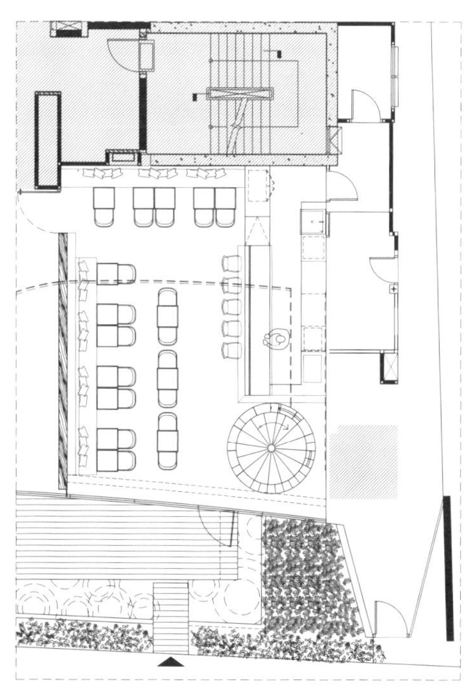

一楼平面图

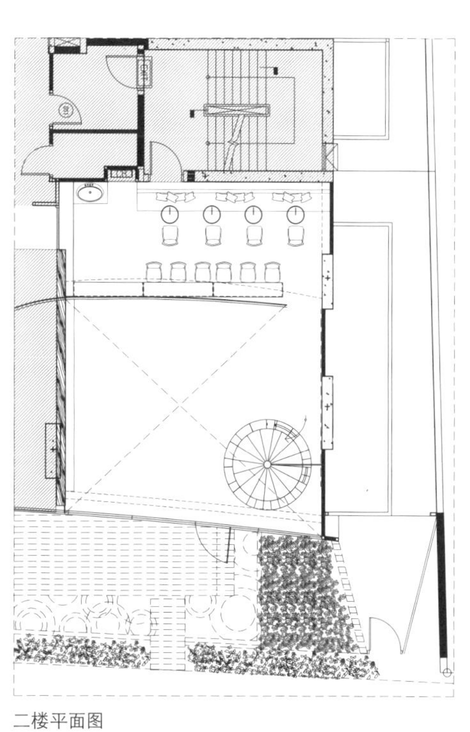

二楼平面图

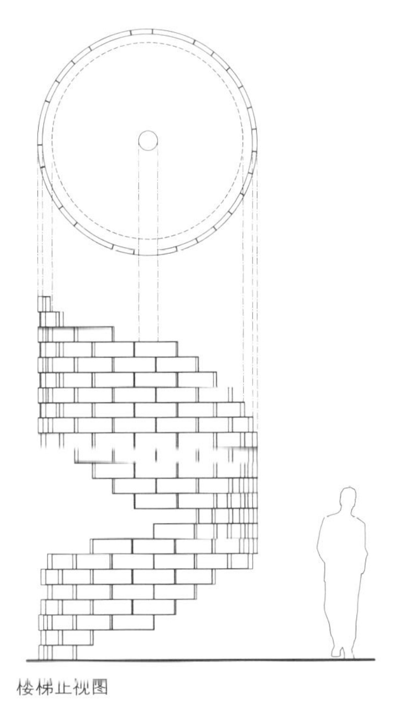

楼梯正视图

楼梯透视图 1

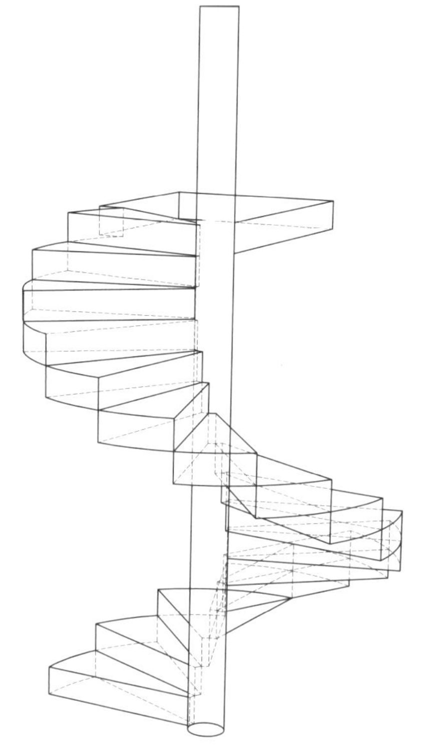

楼梯透视图 2

时尚简约的开放空间

- **项目名称**
  Savoidakis 烘焙店
- **地点**
  希腊，克里特岛
- **面积**
  600 平方米
- **完成时间**
  2017
- **室内设计**
  Manousos Leontarakis 公司
- **摄影**
  扬尼斯·法伊

本项目是对原有的 Savoidakis 烘焙店进行翻新。

设计师将这个600平方米的建筑进行重新设计，并将重点放在店内设计上，精心设计了展柜，以呈现最佳的产品展示。展柜里的烘焙食品排列整齐，看上去既整洁又诱人。烘焙店门口设置了许多户外用餐区，用餐者可以一边享用美食，一边欣赏沿途的风景。这座建筑大量地使用了玻璃屏墙，使商店看起来明亮而干净，同时也使室内和室外环境看起来和谐美好。

橱窗里用玻璃、大理石和木材作为装饰材料。这些材料常常用于空间装饰，非常流行。在照明方面，设计师选用了悬挂的 LED 灯具，也同样也起到很好的装饰作用。

在用色方面，设计师选取了朴实的色调来创造非常温暖的店内气氛，与展柜和砖墙所用材料协调一致。商店的厨房清晰可见，方便顾客与之互动。店面设计所选用的颜色更加协调，地板、墙壁、展柜的颜色都非常接近。墙面上悬挂着一幅连环漫画，内容与烘焙过程有关，

不仅起到装饰房间的作用，还很符合烘焙店的主题。

商店外面还设置了一家咖啡馆，馆内摆放着金属桌椅，与室内风格完美结合，共同组成一家风格时尚的面包店。

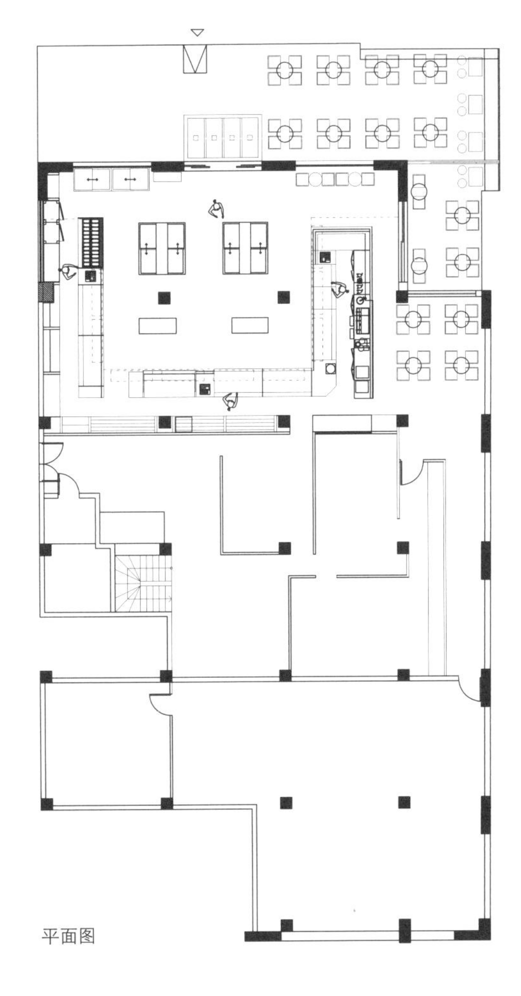

平面图

传统自然的开放空间

- **项目名称**
  Der Bäcker Ruetz 烘焙店
- **地点**
  奥地利
- **面积**
  250 平方米
- **完成时间**
  2011
- **室内设计**
  JHP 设计公司
- **摄影**
  萨拉 · 科里斯

奥地利的这家面包店在 Kematen 镇上开设了一家旗舰店，这家商店融合了所有烘焙元素，拥有开放式的生产区和厨房、咖啡厅、零售区、私人用餐区、演讲厅、展示烘烤历史的博物馆，以及儿童的游戏区。真实、传统、创新和社区等价值观深深植根于这个烘焙品牌之中，并在商店体验中有所展现。

JHP 公司负责考虑战略定位、建筑变更和处理、规划和布局、整个零售环境和体验、店铺名、企业特性以及宣传。该项目的挑战是如何将面包的起源和烘焙过程融入商店中。商店的环境背景所采用的材料都与烘焙本身有关——丰富的木材、陶土，品牌设计所使用的颜色也反映出了店铺的主打产品。墙壁上装有液晶显示屏，屏幕上有瀑布般落下的水流，在柔和的微风中摇曳的大麦，还有炉膛中熊熊燃烧的火焰，进一步体现了“现代派对”的设计风格。烘烤过程中的香气传到商店的各个区域，刺激顾客的味蕾，吸引他们到店就餐，或者把食物带回家。

在整个商店中，面包制作过程清晰可见。墙壁上挂着的产品制作过程及原材料的图文介绍，使顾客对 Ruetz 的产品毫不怀疑——用传统的原料进行烘焙。店主还将关注点放在健康上，自己组织半程马拉松，还设立儿童烘焙日，以此为顾客带来欢乐。

JHP 的联合总经理评论道："Ruetz 是我们愿意合作的客户类型——有着积极、强大的品牌传承，并且对其产品和客户服务有着绝对的热情。新的店面设计和企业形象将彰显他们的品牌主张。" JHP 为这家店开发了品牌平台、宣传渠道、店内沟通、服务策略、包装、制服，以及室内设计。之后，Ruetz 开设了许多烘焙分店，JHP 一直参与其品牌形象的开发，并在战略上引领其产品的视觉展示方式。

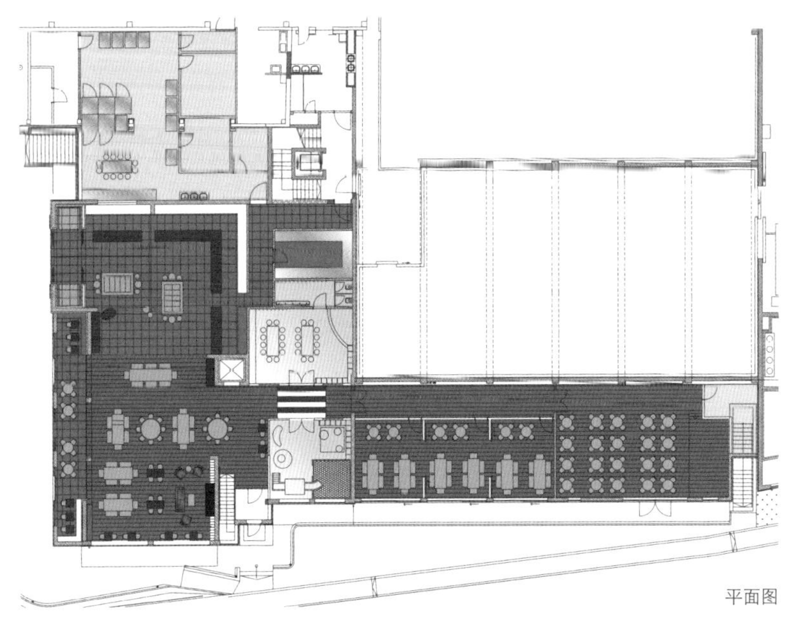

平面图

Der
Bäcker
Ruetz

原木带来的温暖气息

- 项目名称
  PINOCCHIO 烘焙店
- 地点
  日本，神奈川县，横滨
- 面积
  47 平方米
- 完成时间
  2016
- 室内设计
  I IN 工作室
- 摄影
  重田禅洲

2016 年，在日本横滨的地标——松原购物街上，一家独特的面包店开业了。在这熙熙攘攘的商业区里，这个独特的新地方，让顾客可以品尝新鲜烘焙的面包和糕点，它的名字叫 PINOCCHIO。

宽阔的店面面向街道，可以直接从街道上看到。柔和的店面灯光进一步凸显了四季变化、昼夜交替，吸引着顾客的目光。商店标志也是专门设计的，简约而清晰，即使是从远一点儿的距离也可以看见，与店面的整体形象和谐一致。

进入店内，顾客会立刻被空间的中央所吸引——一张实木餐桌，安置在商店的中心，强烈的视觉感会给顾客留下直接且难忘的印象。环保的长条橡木桌面上，摆放着草篮和托盘，里面装满了由主厨烘焙的核桃饼、黄油羊角面包、可口的干酪以及夜莺豆饼。柜台上的工业照明形成了令人印象深刻的剧场灯光般的效果——强烈的灯光聚焦在桌面上，在自然的环境背景下将面包和糕点以最直观的方式呈现给顾客。

随着时间的推移，木材独特的纹理和不规则性形成了对空间的高品质呈现。通过摆放在店铺中央的一张长桌，设计师实现了能同时在店内和店外起到展示效果的形式，因为这个长桌很容易在街道上看到并辨认出来。设计师曾多次参观木材厂，最终遇到了 3 米长的完美的橡木原木。橡树的自然特性是会随着时间和使用发生膨胀，因此设计师将钢板插入核心，以起到支撑和防止其开裂的作用，并加上油涂层，从而保持其自然的外观和品质。这个原木也成了 PINOCCHIO 的主要组成部分。

店内的其他部分是由砂浆包裹着的，形成了自然材料之间的对比，同时也为色香俱全的烘焙美食店营造出一个中性的环境。除了橡木桌外，墙上的其余展柜是简约的细长展示架，使得烘烤美食脱颖而出。暖色调的编织地毯更是烘托出了如家般的气氛。在本案中，设计师面临的最大挑战就是用最少的元素制造出强烈的视觉印象，为商店营造一个暖人心房的氛围，为被新鲜的烘焙美食所吸引的顾客留下值得回味的美好印象。

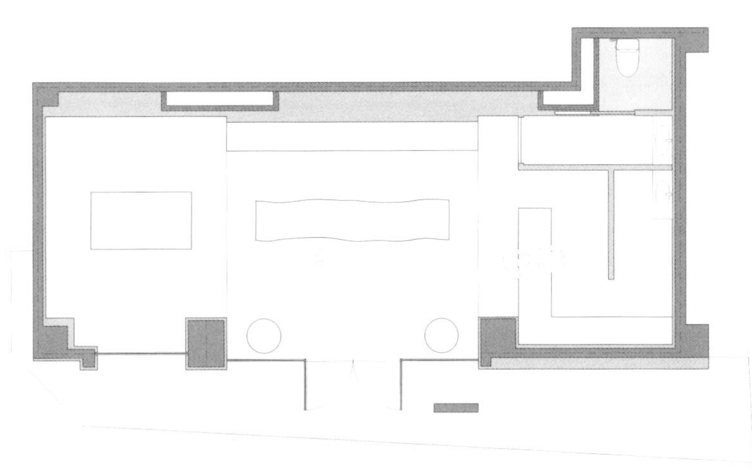

平面图

虚实相生的体验空间

- **项目名称**
  会呼吸的蛋糕店——玛莉叶
- **地点**
  中国，深圳
- **面积**
  117 平方米
- **完成时间**
  2017
- **室内设计**
  绽放设计
- **摄影**
  聂晓聪

玛莉叶在日语里面代表着亲近，代表着人与人之间亲密的关系。玛莉叶首家连锁店隐逸在深圳上梅林里——一个具有年代感的老社区的一楼，脱离喧嚣，闹中取静。

对于绽放设计的团队而言，每个项目都是一个与众不同的故事。该项目通过设计讲述了 64 岁的玛莉叶品牌创始人丸山师傅一生中对蛋糕制作技艺的不懈追求，及其力求完美，做到极致的匠人精神。

绽放设计秉承玛莉叶品牌 40 多年坚持“甄选纯天然食材做最好吃的蛋糕”的朴质的经营哲学，在设计中一丝不苟，怀着对自然的敬畏之心，大面积留白，借用大自然中未经修饰的天然元素进行点缀，创造虚实相生的体验空间来诠释玛莉叶简洁、内敛的品牌气质。

取自矿山表面的荒料石材，天然朴质的原生木料，传统复古的水磨石地面，这些设计细节彻底摒弃了一切装饰与华丽，目的就是为了追求

高度真实且单纯自然的美。窗外的老树透过狭长的玻璃幕墙与店内巨大的原生石块相映成趣，让自然回到城市，让顾客沉浸在自然之中，远离喧嚣。用心去体会一杯台湾冷泡茶，一份日式洋菓子，一段闲适的下午茶时光带来的特殊质感。

这一切都以玛莉叶品牌所追求的天然、健康的理念为依据，包括大地的色彩、自然的肌理、素雅的店铺陈设、自然的元素点缀。绽放设计用极简的视觉语言和设计手法传达东方语境下石似山、木成林的多层次意境。让消费者体验到一个如自然呼吸般存在的体验空间，存在于纷繁的都市之中，平淡而稀缺。

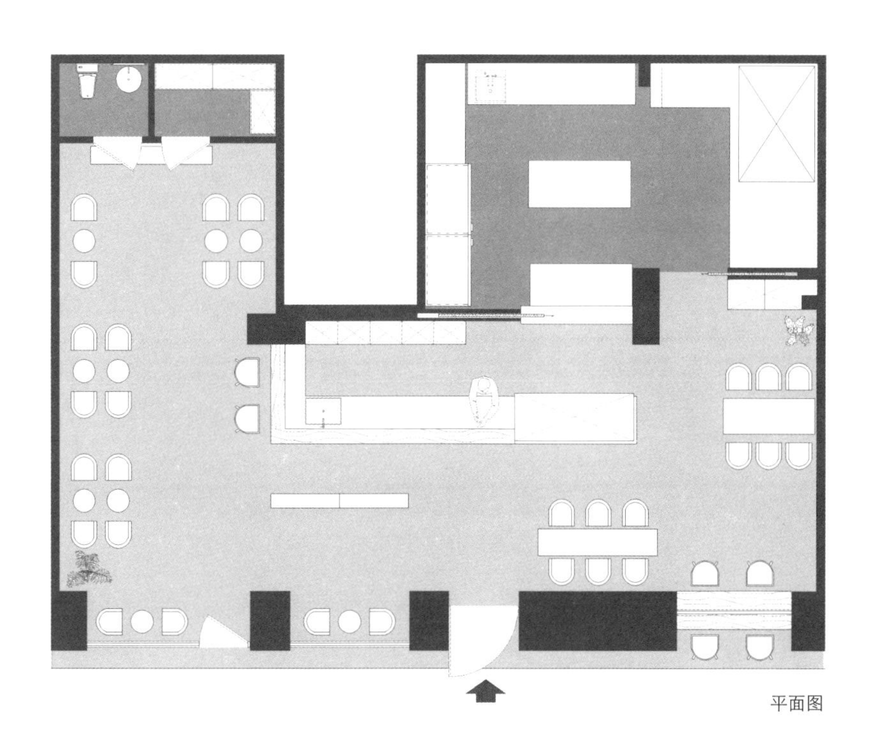

平面图

充满科技感的灰色空间

- 项目名称
  布斯蛋糕店
- 地点
  中国，北京
- 面积
  480 平方米
- 完成时间
  2016
- 室内设计
  odd（冈本庆三，出口勉，方雪妮）
- 摄影
  锐景摄影（广松美佐江，宋昱明）

odd 建筑事务所受邀为布斯蛋糕店设计位于工体北路的新店。客户希望整体空间能带给客人独特的视觉感受和舒适的就餐体验。

穿过喧嚣的工体街区，这栋拥有灰色肌理外墙和草木绿标志的独立建筑，被包围在这一带居民区中，既简洁现代而又毫无违和感。

蛋糕店整体空间分为上下两层。一层为前厅和后厨。落地玻璃墙使前厅一览无余，吸引路过的客人入店一探究竟。灰色为主色调，斜面穿插的墙体和不锈钢通道以及与之风格呼应的座位区家具，均凸显出空间的干净利落及未来感。9 米长的展示柜台，满足集中展示的需求，线条分明，没有过多的装饰，与制作精致的蛋糕形成对比，愈发映衬出蛋糕的绵软和细腻。

二层的就餐区注重客人的用餐感受，在灰色的基调上用木色来平衡空间的冷暖。通过不锈钢通道打通空间，使原本相对独立的三个空间之间产生联系，又各具特点。因地制宜，设计师将窗户改造为嵌入式沙发座，为后期糕点课程准

备的吧台亦可以是开放的就餐座位，原本低矮的过梁变身为标志墙等，这些都是来源于设计师对细节处理的重视，从而利用简单的材料和灯光便搭配出丰富的空间效果。

BOOTH'S CAKE
THE REAL TASTE YOU NEED
BOOTH'S CAKE

BOOTH'S CAKE

二楼平面图

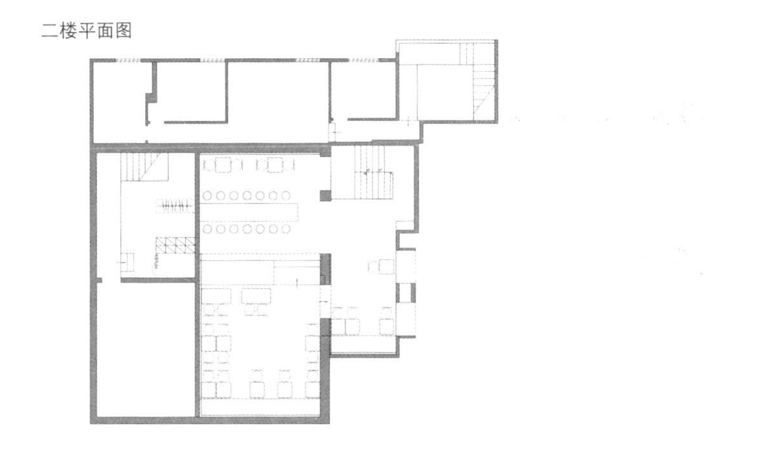

一楼平面图

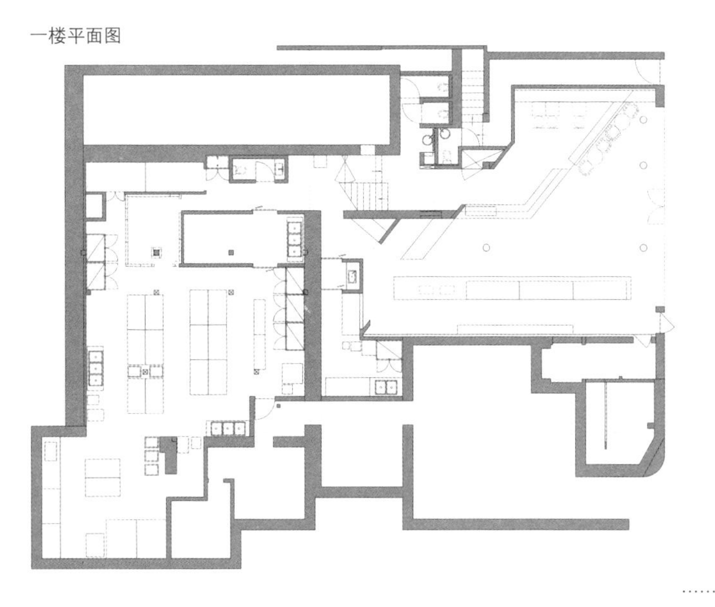

长条镜面展示柜主导的纯白空间

- 项目名称
Des Choux Et Des Idees
糕点店
- 地点
黎巴嫩，贝鲁特，阿什拉菲耶
- 面积
20 平方米
- 完成时间
2017
- 室内设计
Etienne Bastormagi 工作室
- 摄影
维萨姆·沙伊

Des Choux Et Des Idees 糕点店位于黎巴嫩贝鲁特的一个黄金地段，由住宅楼的停车位改造而成，面积仅有 20 平方米，设计师想要将其打造成品牌 "Des Choux Et Des Idees" 糕点店的旗舰店。建筑师将零售和街道体验结合起来，用一种"都市镜子"的方式为行人展示糕点。随着时间的推移，"都市镜子"逐渐改变了它的定位，转为向行人展现手工制作过程，而非商品。根据不同的营业时间，形成不同的映像，旨在将街道延伸到商店，反之亦然。

店铺是一个单色调的空间，使用了各种白色的材质和材料。店内的纯白质感凸显了展示的糕点，如同珠宝一般闪闪发光，让人联想到白色立方体博物馆里的艺术藏品。下面的设计理念更反映了商店糕点的层次感。

商店的布局集中在之前的空间利用上：根据中央烘焙机器的大小来创造容纳的空间尺寸。这家新店所采用的新的结构成了精品店设计不可分割的一部分。

轴测图

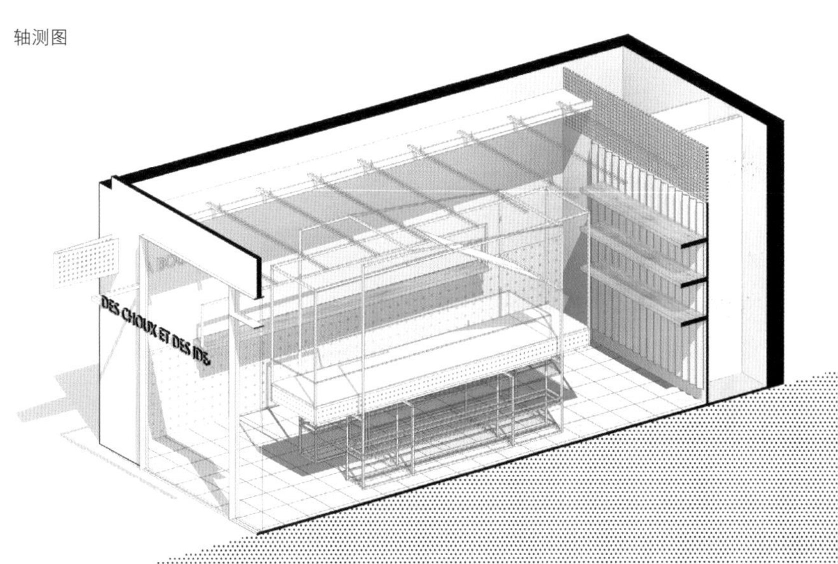

店内流线围绕着一个中心结构，它集中了展示冰柜、收银台、存储空间、“都市镜子”以及间接照明装置。该结构完全由一个2厘米厚的钢结构轮廓所组成，加以白色喷漆，犹如一个线框图。

商店所用材料均是在本地生产和组装的，包括钢材、木材、镜子、油漆和纹理图案，这些均是设计理念中可持续性方案的一部分。

工作室的设计重点在于摆脱传统的 Des Choux Et Des Idees 零售店的概念，为品牌创建一个全新的设计挑战。

天鹅绒和蓝色木材打造的欧式空间

- **项目名称**
  Gaudenti 1971 Po 烘焙店
- **地点**
  意大利，托里诺
- **面积**
  144 平方米
- **完成时间**
  2018
- **室内设计**
  lamatilde 公司
- **摄影**
  PEPEfotografia 公司

这是一家新式店铺，是小型意式精美糕点店与大型国际面包店的融合。这仅仅是对其空间的定义，更重要的是，这家店表达了对传统意大利烘焙文化的价值观的尊重，以及对其复兴的强烈推动。具体而言，就是对现有元素进行全面的革新，并将其系统地融入新的装饰之中。每个分店都被赋予了不同的图形主题，对历史性的装饰风格进行了新的诠释，但天鹅绒和蓝色木材的统一使用确保了品牌的高辨识度。

这是 Gaudenti 的第三家分店，开设在一家前皮具工厂内，位于 19 世纪的古建筑之中，这栋建筑所在地是都灵市中心最具标志性的街道之一。

原木质墙板源自 20 世纪 50 年代，现重新翻修，以减少整体装饰的厚重感，使其更加精致。天花镶板以同样的方式进行了改造，并采用新的 LED 照明系统，形成令人印象深刻的发光网格。此外，灯光板所形成的几何图案与公司所开设

的第二家分店所采用的图案是相同的。楼层之间的楼梯也被利用起来，变成了休息区的一部分。因为空间与以前相比狭小了很多，所以窗户被改成了休息区的小型装饰，就如同第一家分店一样。此外，镜子的使用可以扩大人们对空间的感知，两盏帝国式双吊灯更强调了装饰的重要性。

原来的实木地板已经被之前的地毯严重损坏了，现已重新铺设。由于实木地板难以复原，设计师用树脂地板取而代之，而不是把破损的地板隐藏起来，这显然是一个全新的解决方案。

整个店铺更多地呈现出巴洛克风格，而不是洛可可风格，是一个更为优雅、温和的巴洛克风格，也是都灵特有的典型风格。

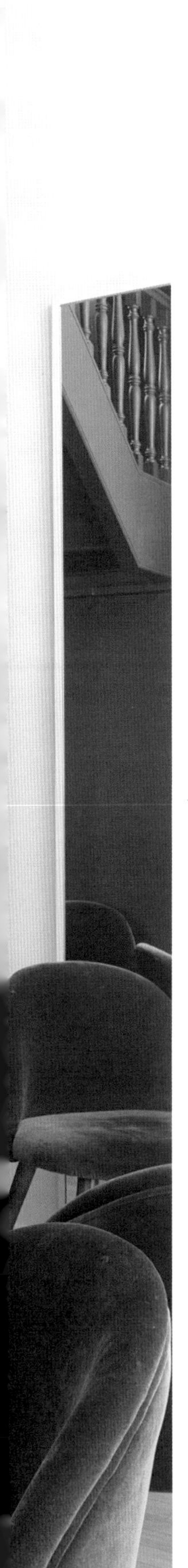

平面图

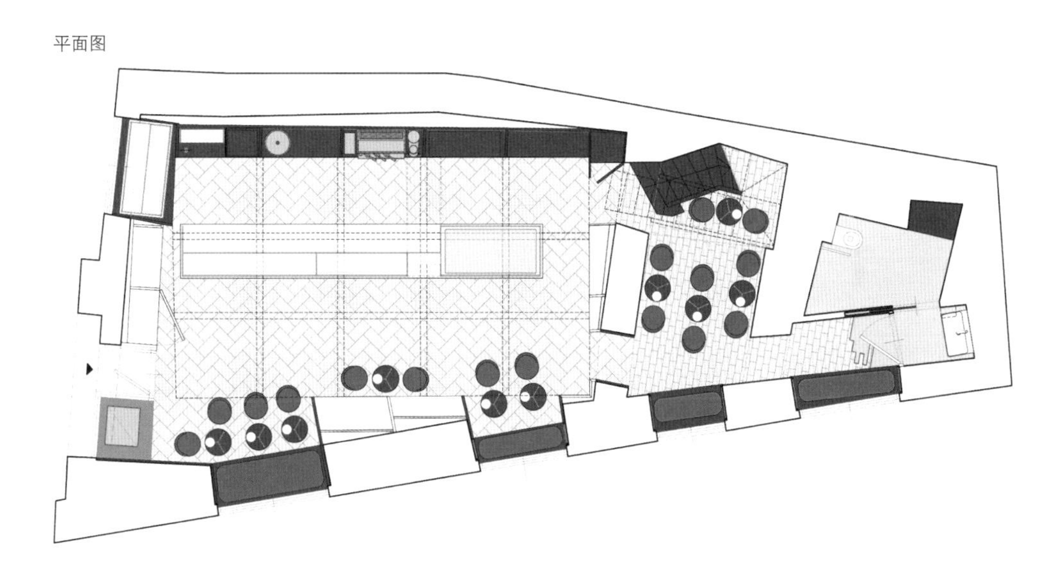

剖面图

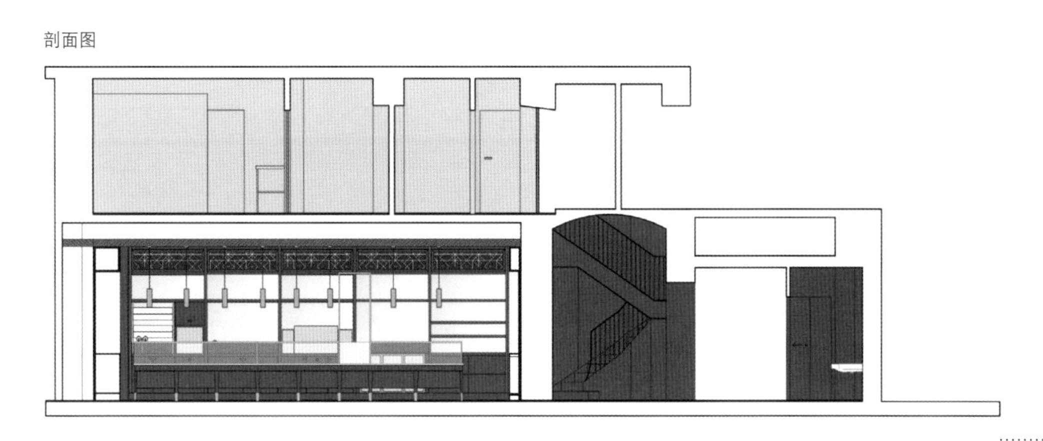

原木方架构成的重组空间

- **项目名称**
  美自在烘焙餐厅
- **地点**
  中国，武汉
- **面积**
  205 平方米
- **完成时间**
  2016
- **室内设计**
  众舍空间设计
- **摄影**
  夏旭威

项目地点位于武汉市武昌区汉街万达广场附近，占地 205 平方米。建筑分为上下两层空间，业主希望给予顾客满意的服务及用餐环境。

原木材质和白色的方砖磨砂质感的灯具装点都为整个空间营造了一份舒适休闲的和谐环境。室内空间设计的主要概念在于“空间重组”，利用极具特色的天花板木架装置来表现，这些木架如同一个个色块在店内穿梭。灰白色花砖沿着墙面延伸，形成了立面空间。球形吊灯与柔和的室外光线营造出了西餐厅的氛围。室外的绿色被收入室内，逐渐转化为奇妙的空间体验。

空间大量运用原木和钢网来构造空间，以灰色和白色乳胶漆作为墙面背景来衬托原木质感，整体风格类似 LOFT。餐厅内一方面使用了质朴的工业风金属材料和由地面延伸至顶部的松木方架，另一方面将透亮的白色方砖和玻璃运用于厨师工作台以及售卖窗台，二者形成了材质上的鲜明对比。纵横交错的木架和黑钢在空间中起到了一定的阻挡和分割空间的作用。空间

配饰大量运用工业元素和烘焙软饰，黑钢结构和木结构的搭配不仅勾勒出各个空间的形态，也创造出一个餐厅独有的人流动线。楼梯利用横向木条与竖向吊丝形成交错空间，再加上特有的擀面杖元素，使空间更具特色。

二楼作为餐饮区，设计师适当运用了深蓝色座椅和窗帘为内部空间增添一丝静谧，让顾客能在此安逸地享用一餐美味。垂吊的原木格栅与黑色吊灯共同组成二楼餐厅的中心区域，黑色天花板自然地融入背景，突出了主体空间的统一性。整体空间以灰色为主导，黑白灰的花砖搭配水泥色墙面，加之窗外柔和的光线，形成了独特的质感空间。

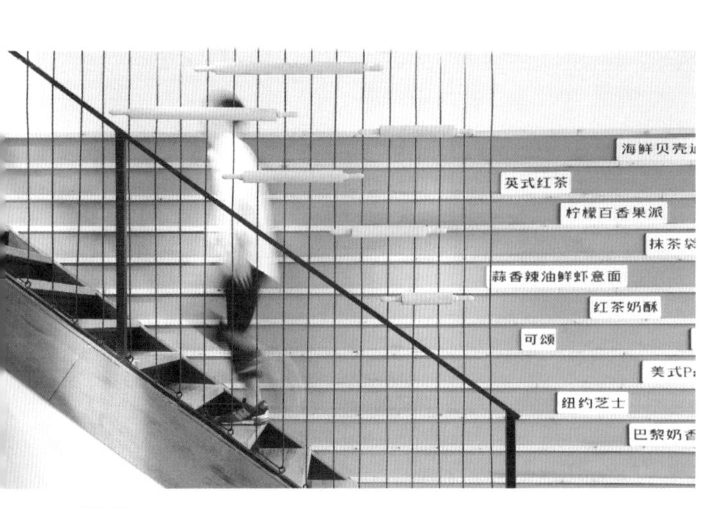
海鲜贝壳
英式红茶
柠檬百香果派
抹茶
蒜香辣油鲜虾意面
红茶奶酥
可颂
美式P
纽约芝士
巴黎奶

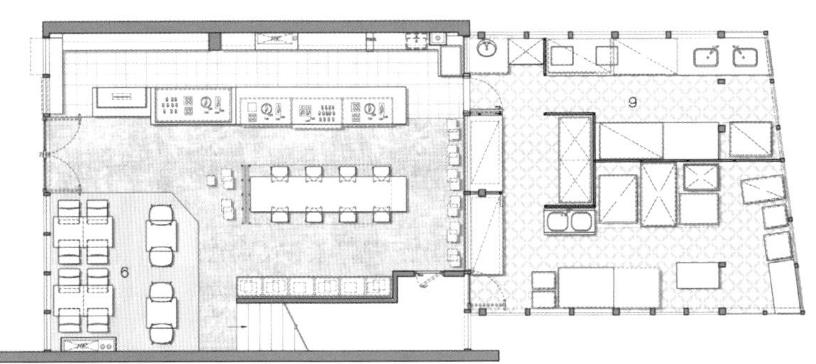

一楼平面图

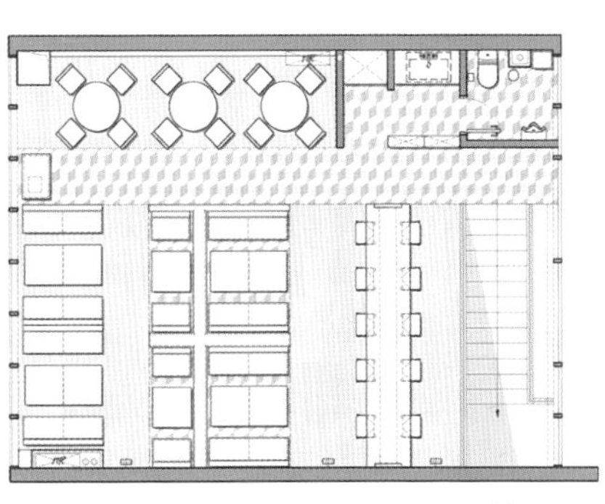

二楼平面图

富有层次感的玻璃屋中屋

- 项目名称
  烘焙·家
- 地点
  中国，台湾，台北
- 面积
  22 平方米
- 完成时间
  2017
- 室内设计
  成舍
- 摄影
  Hey!Cheese 工作室

与一般的认知不同，烘焙其实是个分工相当细腻的专业，而本案店主也因为烘焙技术上的专精而有所坚持，希望打造一间不一样的烘焙坊，除了希望带给消费者基本味蕾享受以外，还有更美妙的五感体验！而在构思未来营运空间、如何呈现质感与风情的过程中，陈志伊设计师曾经的一处住宅规划作品，因其独特的风格吸引了店主的注意力，也由此开启了双方的合作契机。

店址所在的区域相当幽静，基地为一楼临路店面，大面窗的优势在都会区相当难得，虽然店铺实际大小仅 22 平方米，不过室内高度近 4 米，而且格局方正，采光好。设计师接手后，先将旧装潢全数拆除，接着依据店主期望、消费者需求、空间效益等多个方面反复思考后，为全案定位为隐含轻法式元素、美式居家情调的新文青风格，并打造最接近理想值的机能比例。

许多人、车行经店前，都会被这个拥有大面白色圆拱角窗、法式雕花柱与美丽光影的空间深深吸引。开店至今，常有好奇的访客入内探询，但仅从空间质地与风格美感来看，很难想象这

其实是一间烘焙坊。包括开在建筑中央的入口与两侧的对称橱窗，甚至是入内的访客动线与视线落点、造型硬件，等等，都经过事前缜密地推敲。自人行道踏上三阶来到店前，往内斜切的入口处地面，双色六角砖拼出的店名字样，都颇有迎宾与商家专属企业形象的感觉。大门两侧均是清透的玻璃橱窗，好让人员的移动、精致家具的摆设、光影、美味糕点，都成为一幅活色生香的街景映画。

走进店内，地面铺满实用的灰阶 PVC 地板，近似盘多磨的色泽、质感，为所有软、硬件提供最佳的搭配。正对大门的 L 形中岛工作台，俨然是第一重展示——白色柜体搭配深木色台面以及高低有致的容器，完美地展示了店内的风格。令人垂涎欲滴的美味糕点，中岛台内的另一座琉璃蓝色工作台，刻意外凸的白瓷水槽，台面花砖拼贴与墙面白色浮雕砖，壁挂的镀钛金属支架，每个细节都有令人动心的感觉。

既然是专业烘焙坊，工作用的厨房是绝对的关键，但考虑封闭隔墙必然会压缩空间感，于是设计师利用室内挑高特色，以铁骨架加上四种清玻、复古花玻，在中岛后方打造一方犹如屋中屋的玻璃盒。斜切的屋檐表现了结构的立体美，由各色花玻掩映的朦胧光影，恰到好处地修饰厨房内杂乱的情节，清玻则刻意用在视线直对的正立面，好让师傅制作手工糕点的过程，也

能成为鲜活的动态风景。而玻璃屋斜檐高处，留了一扇可在厨房自内向外推的气窗——每当糕点出炉时，那扑鼻诱人的香气，自然成为嗅觉设计的一部分。

夏日微醺的午后，顺着香气的吸引走进店内，在琉璃蓝、淡湖水绿和柔白交织的空间里，洋溢着人来人往的闲适气息。为了营造店主期望的如家一般自由、轻松却不失质感的氛围，设计师列出两项规划重点：首先是窗边靠墙的一座琉璃蓝书柜墙，既是许多“网红”、美食部落客喜爱的背景亮点，也赋予了空间浓郁的人文气息。再来是两座橱窗边各拥主题的聚落设计，一边是宛如美式风格餐厅的长桌摆设，一边是慵懒又舒服的临窗坐榻，加上多款单椅、端景柜、抱枕、立灯等随性混搭，灵活且不重复的排列组合，一方面满足了人数的限定要求，同时也让空间常保一种与美食相伴，极度愉悦、舒缓的氛围。

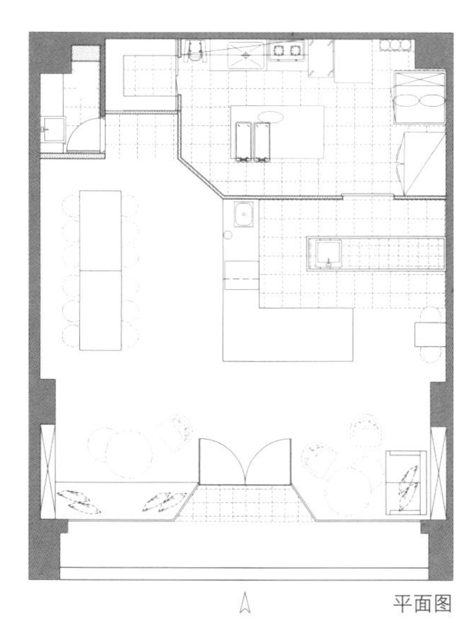

平面图

棚屋 + 工坊

- 项目名称
  Pain Paulin 烘焙店
- 地点
  法国，阿基坦
- 面积
  72 平方米
- 完成时间
  2017
- 室内设计
  Ciguë 公司
- 摄影
  马里斯·梅祖利斯

在该项目中，设计师并没有把当地的城市规划视为约束，反而把它当作一种力量推动这个项目。装修地点是一个外形类似牡蛎的棚屋；无论是心理上，还是外观上，当地人都觉得棚屋就是这个地方的代表。然而，店主当时在脑海中就已经形成一个现代面包店的样子，从原料到烘焙过程，都要公开透明地展现给顾客。

于是设计师选择"棚屋 + 工坊"的设计组合：顶层的棚屋完全由木头制成，外部涂以黑色，里面是天然的就餐专区；下层则是烘焙工坊，主要由玻璃、钢制品和混凝土构成。棚屋亲切温暖，给人以家的感觉。烧焦的道格拉斯木材覆盖四周，给人一种保护和私密的感觉。而露台和包厢则能提供海湾景观，并且阳光不会直接照在这里。

另一方面，烘焙店十分明亮，面向街道和城市敞开，吸引所有行人的目光。这是一个开放的工作空间，既传统，又专业。地面铺以白色的瓷砖，轮式机器和工具可以根据不同的工作或时间重新排列。由于没有外墙面，设计师只能将工作台和销售台组合在一起，但这也正是烘焙店的特色所在！

ZONS LOINTAINS

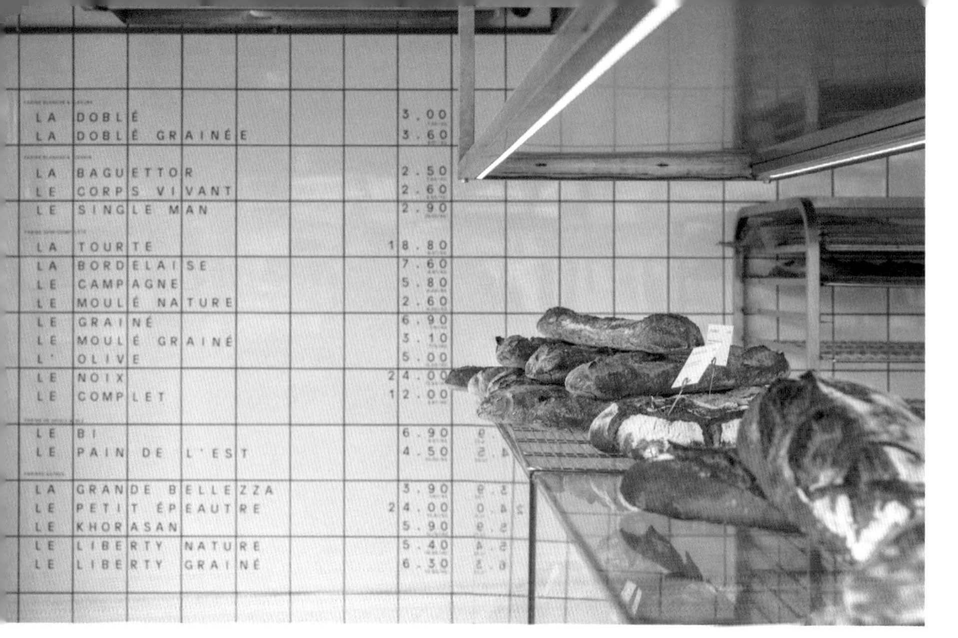

LA DOBLÉ 3.00
LA DOBLÉ GRAINÉE 3.60
LA BAGUETTOR 2.50
LE CORPS VIVANT 2.60
LE SINGLE MAN 2.90
LA TOURTE 18.80
LA BORDELAISE 7.60
LE CAMPAGNE 5.80
LE MOULÉ NATURE 2.60
LE GRAINÉ 6.90
LE MOULÉ GRAINÉ 3.10
L' OLIVE 5.00
LE NOIX 24.00
LE COMPLET 12.00
LE BI 6.90
LE PAIN DE L'EST 4.50
LA GRANDE BELLEZZA 3.90
LE PETIT ÉPEAUTRE 24.00
LE KHORASAN 5.90
LE LIBERTY NATURE 5.40
LE LIBERTY GRAINÉ 6.30

剖面图 1

剖面图 2

简单而充满仪式感的空间设计

- 项目名称
Tôt le Matin Boulangerie 烘焙店
- 地点
日本，名古屋
- 面积
66 平方米
- 完成时间
2018
- 室内设计
Airhouse
- 摄影
失野纪行

该店位于名古屋的一座翻新的建筑内，Tôt le Matin 在法语中是清晨的意思。店面的格子形状的设计灵感来自于“Matin”的 M，同时还象征着小麦的麦穗、黎明的山脊以及法式面包上的斜线。这个倾斜的格子是商店的象征，表达了店主将人与烘焙相结合的愿望。

店主要求店铺空间简单而别致，同时也要映衬出日本神殿和寺庙的灵性。因此，设计师将入口与厨房对齐，这样可以对称地面向柜台，象征性地将厨房奉若神明，在吸引顾客注意力的同时产生一种紧张感，类似于在神龛中朝拜神明的感觉。

然而，为了简化施工工作，减少必要的元件数量，设计师仅对厨房和售货区的分隔墙、面包的展示桌、外墙以及前门进行了翻新。其他墙壁仅仅剥离了原有的饰面，露出墙内的混凝土，而在售货区，现有的部分天花板被拆除，留下了底层的轻钢框架，以创造出高度感。吊灯和植物平衡了内饰清冷的基调；当设计的主角——面包加入进来时，整个空间变得更加和谐。

通过设计一家独一无二、施工却不复杂的商店，设计师希望创造一个梦想开始的地方，在这里，店主将能够实现他的目标——在每天的清晨为人们提供美味的面包。

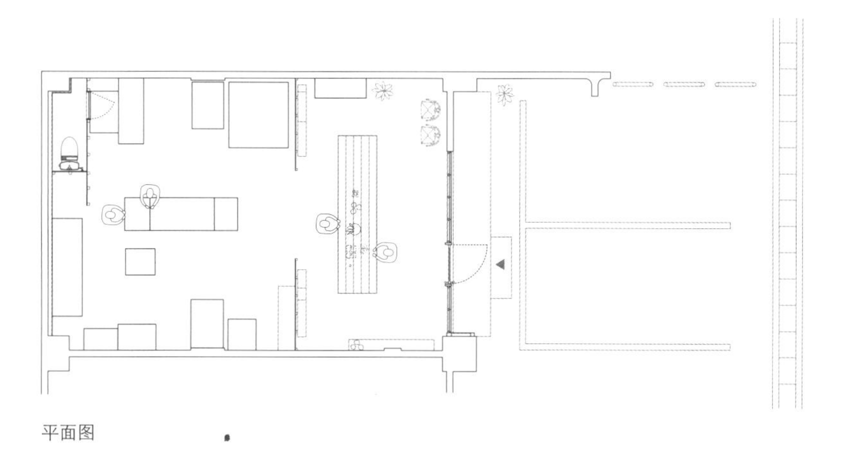

平面图

现代与工业的风格融合

- **项目名称**
  Tserki 糕点店
- **地点**
  希腊，帕罗斯岛
- **面积**
  120 平方米
- **完成时间**
  2015
- **室内设计**
  STIRIXIS 集团
- **摄影**
  斯塔夫罗斯·尼夫利斯

在希腊最著名的岛屿之一——帕罗斯岛上，STRIXIS 集团独创了一个全新的糕点店设计概念。一对年轻的夫妇想要开一个独特的糕点店，将现代和传统元素结合起来。店名“Tserki”表示的是用于制作糕点的金属蛋糕环，选择它作为店名，旨在突出所有产品的新鲜度。

针对客户需要和当地需求，STIRIXIS 制定了最佳方案，定义了战略目标和重点项目目标，并纳入设计之中。主要的设计目标是创建一家独一无二的糕点店，满足现代零售空间的需要。同时，考虑到它是典型的基克拉迪风格建筑，因此商店必须与周围的环境相匹配。

设计团队充分开发并利用这 120 平方米的空间，创造了一个功能丰富又令人印象深刻的商店。为了平衡现代化元素和传统元素，设计师选用时尚的冰箱和窗户，以及细线条的家具，将整个糕点店设计成了十分现代化的工业风格。同时，为了平衡店内产品的丰富色彩，商店颜色以灰色和黑色为主。此外，设计师还在形状和装饰上添加了一些传统的细节，如带有花式

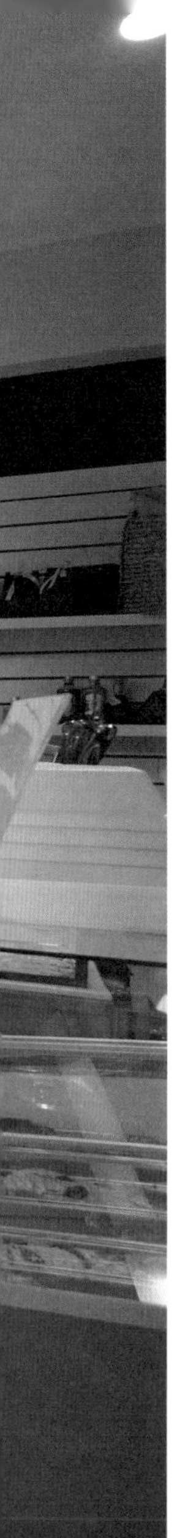

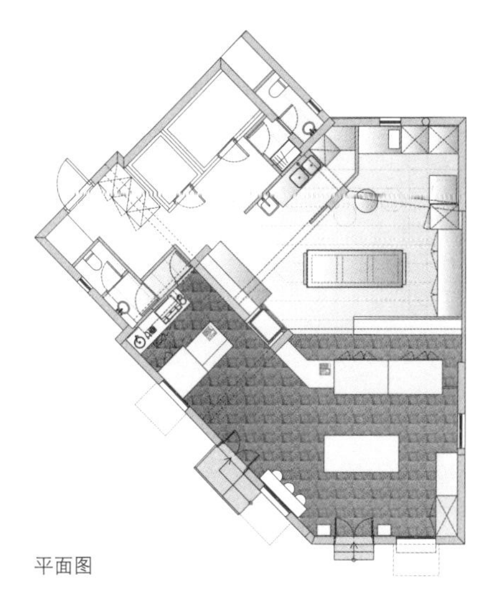

平面图

字体的地砖、灯具、木架和隔断，以营造一种古老而又现代的效果。

针对优化客户流量和功能，设计团队也给予了很高的重视——将入口开在商店的两侧，使客人能够更快、更容易地在商店内活动。这样，即使在客流高峰时段，也不会出现拥堵的情况。商店标志从远处便可看见，不会影响四周的景象。

Tserki 成了美食的终点站，在这里，客人可以放松休息、享受美味的小吃。同时，它也提供了各种各样的甜食和开胃菜，满足了全天候的需要，例如早餐、午餐、下午茶等，还可举办生日聚会，或与友人在此共进晚餐。由于商店地处市区中心，位于岛上两条主路的交叉口处，因此它是所有帕罗斯居民和游客的理想去处。无论是外带美食或在店内用餐，它都是绝佳的选择。

独一无二的水磨石空间

- 项目名称
  Suzette 烘焙店
- 地点
  新加坡，滨海大道
- 面积
  22 平方米
- 完成时间
  2017
- 室内设计
  The Strangely Good 公司，OWMF 建筑公司
- 摄影
  The Strangely Good 公司，OWMF 建筑公司

Suzette 烘焙店对那些甜食爱好者来说，是复古又时尚的甜食天堂。即使在路过的行人眼里，它的外貌也是十分养眼的。整个空间配以透明的落地大窗，向行人展示着店内的布局和精美的甜点。设计师们在天花板上悬挂了许多灯泡，使空间看起来更加明亮。

当顾客步入店铺时，首先映入眼帘的便是独特的吧台。吧台由定制的水磨石板构成，并涂以三种颜色的波浪旋涡。创造这些独一无二的水磨石瓷砖，是一个耗时却令人高兴的过程，这也类似于用模具定型蛋糕的过程。最终换来的“回报”便是这个世上独有的 Suzette 展示品。地板上铺以铜盘和凿刻的水泥，更是锦上添花。

设计师旨在摆脱传统的束缚，引入新奇的事物，在讨论、商议的过程中，将新奇与传统相互结合。虽然稍显离谱，却是以创造不同寻常的想法、崭新的视角来展现非凡的想法。

整体设计无论是在形式还是功能上，都体现着巧妙的细节设计，包括定制的家具，无一不在为品牌做代言。

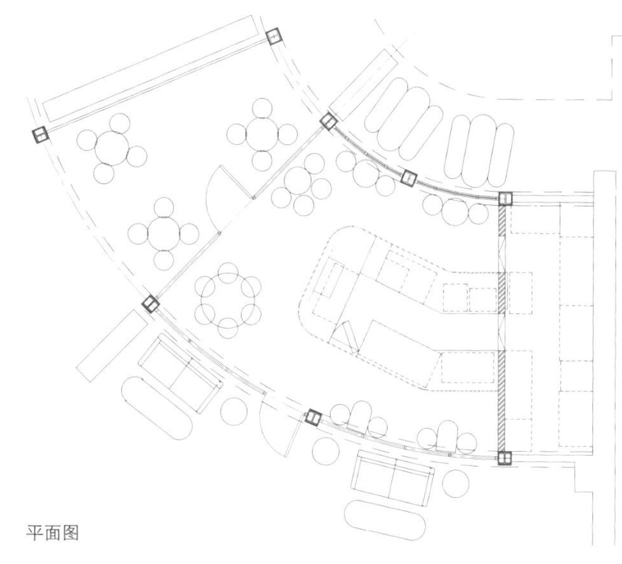

平面图

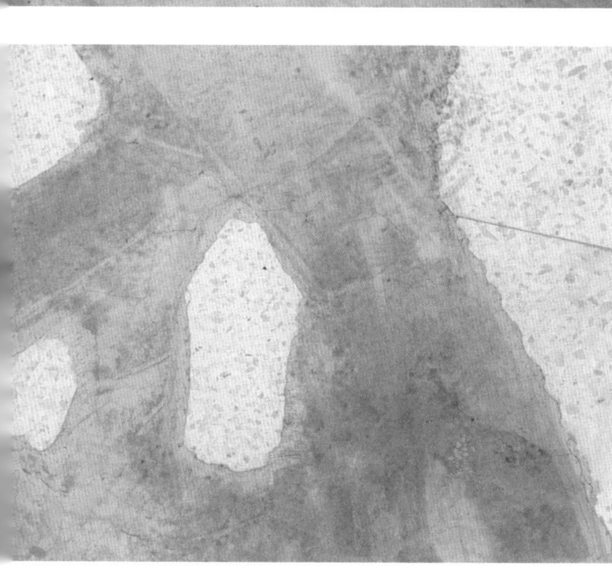

明亮精致的白色空间

- **项目名称**
  Commercial Axis 烘焙店
- **地点**
  葡萄牙，吉马良斯
- **面积**
  96 平方米
- **完成时间**
  2017
- **室内设计**
  Martins 建筑事务所
- **摄影**
  NUDO 公司

本项目是对一家 32 年的面包店进行重新翻新，并赋予其一个全新的现代形象。设计方案是对原有的大理石台面进行重新摆放，台面之上放有展柜，展示着店内所有的商品。该方案以入口为起点，店内空间垂直对称分布，这就意味着需要改进两处视觉效果：一个是置于墙架上的陈列品，另一个是独有的产品展示（三组产品：面包、小食和蛋糕）。

施工过程需尽可能的快速、有效，以减少费用支出，并使得商店尽快恢复运营。设计师对所有的空间都进行了基础设施建设，确保了生产区域尽可能以实用主义为主，同时销售区则是最大限度地保证精美、雅致。

生产区域放有可清洗用具和卫生标准材料；销售区则重点开发了空间的物质性、氛围和规模。销售区设有一个喷涂白漆的木制底座，与石膏板区别开来，这样的差别形成了一个与门高对齐的人体尺寸。这种人体尺寸线打破了现有橱窗的连续性，从而形成了几何图形的中断区域。墙上的货架需要非常牢固的钢架结构，用以承

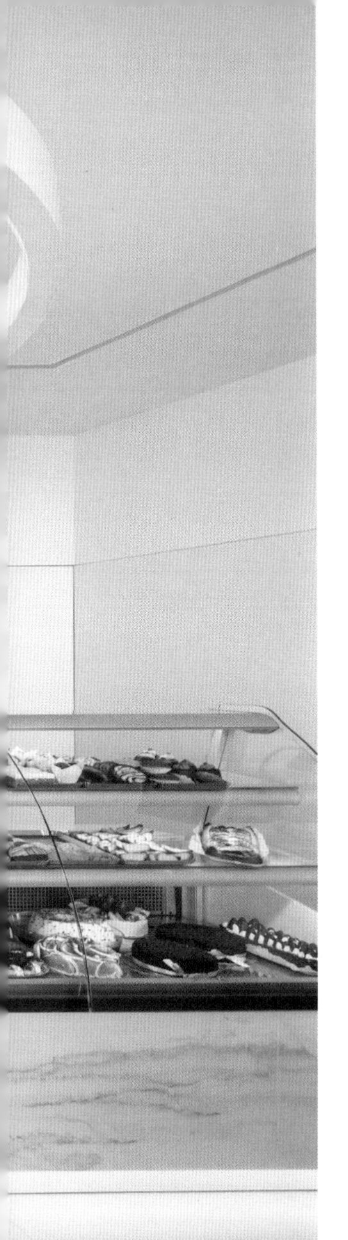

受全部样品的重量，同时加以照明装置，以便突出展示区。该方案旨在区分两个照明层面板，用于特定的空间的特定时刻。顶部的圆环照明灯的设计亦是如此，但更重要的是，它为空间的中心增加了一定的厚重感，在一个极小的内部空间提供与众不同的消费感受。

逐步拆解的纯净空间

- 项目名称
  Les Bébés 烘焙店
- 地点
  中国，台湾，台北
- 面积
  150 平方米
- 完成时间
  2013
- 室内设计
  柏成设计（邱柏文，王菱檥，孙懋玮）
- 摄影
  游宏祥

延续之前 Les Bébés Cupcakery 的成功，由“折”包装盒引发出来的纯净空间，成为展现杯子蛋糕的最佳舞台。面对分店，设计师和业主思考的是如何延续“折”的概念及品牌精神，即在不同的空间，做不同的动作。

设计师重新回到包装盒本身，借由不断地拆解及组合的“动作”衍生出一连串的记录。然而这次并非单纯的“折”出一个空间，而是要在这空间中记录“包装”的整个过程，使每位顾客来店里都有不一样的体验。

设计师们拿掉了盒子的面，让它只剩下简单的框架，借由四个角度折叠的步骤——0 度、30 度、47 度和 90 度，从平面到 3D，创造出一连串角度变化的过程。从外观立面到内部立面，再到天花板，像是一段从外到内探索美食的奇妙旅程。

一进门，首先映入眼帘的是烘焙店主营的烘焙糕点，精巧而可爱的托盘和展示杯让人看了便食欲大开。对顾客而言，从门外经过外带区再到内用区，都伴随着感官上的愉快、惊喜及新

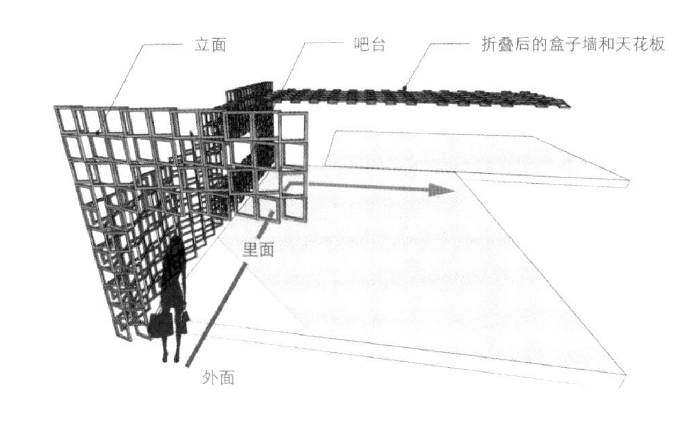

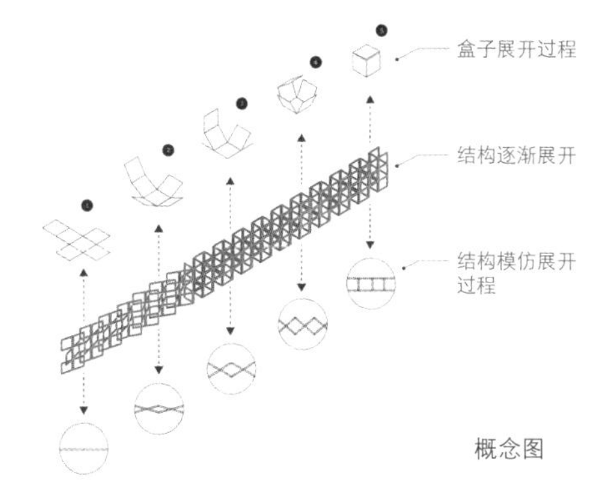

概念图

鲜感。简约的配色及欢愉的气氛，让杯子蛋糕及餐点成为空间的主角。建筑空间、西点及其包装再次融合为成功的西点品牌。该项目使用的建筑材料也很丰富，如黑白两色的超耐磨木地板，深灰色的天花板及白漆墙面，还有用银狐大理石来装点的柜台台面。

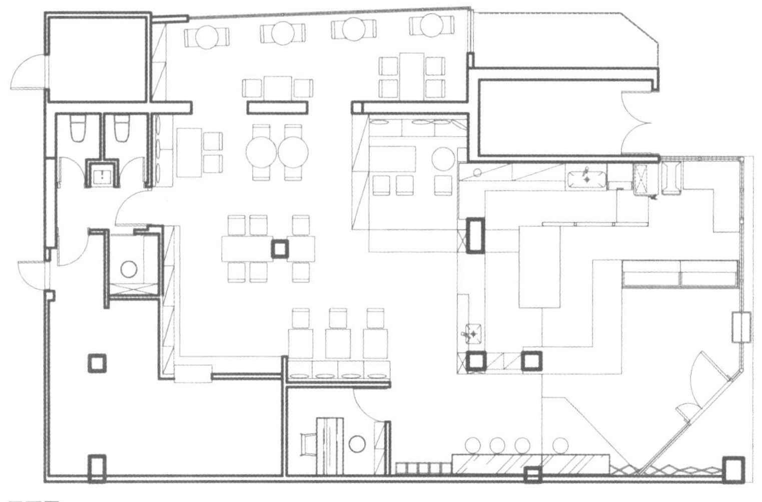

平面图

充满神秘感的黑暗空间

- **项目名称**
  Sweet Alchemy 糕点店
- **地点**
  希腊，雅典
- **面积**
  96 平方米
- **完成时间**
  2012
- **室内设计**
  科伊斯·斯泰利奥斯，帕齐亚乌拉斯·尼科斯，马里利纳·斯达弗若，菲利颇斯·马诺拉斯
- **摄影**
  乔治·斯法基亚纳基斯

该项目是对位于希腊雅典的 Sweet Alchemy 糕点店进行设计。糕点店位于希腊雅典北部的基非西亚郊区，店主被公认为全希腊最好的糕点师。他著有许多关于烹饪美食的书籍，并在希腊电视台一档非常受欢迎的糕点节目中担任主持人。

Alchemy 有炼金术的意思，不禁令人联想到一种黑暗的神秘主义以及充满蒸馏瓶、神奇药水和神秘器皿的实验室。整个店铺的设计就以此为基调，并融合现代风格的装饰，烘托了神秘的氛围。

店铺具有高透明度的空间特征，达到了光线漫射和渗透的效果。从设计之初，设计师便高度重视光线的作用，并进行全面调研，为这位独特的客户及其商店创建了一套独一无二的设计方案。随着一天光影的不断变化，店内每一刻都有不同的视觉体验，整个空间宁静却具有戏剧张力。

破旧的古铜色墙面，让人仿佛身处宝库之中，又仿佛囚禁于金笼之中，四周围绕着稀有而珍贵的商品，好似体验禁忌之果所带来的罪孽与快乐。

选用材料的哲学与客户的哲学理念不谋而合，即挑选原始材料，不用任何替代品。选用铁、青铜、铜和木材作为材料，并保留其自然特性，只稍作加工，但并未改变其外观。

设计师的目的并不是将一个神秘环境进行简单的呈现，而是对这个地方的特色进行表述，将整个空间转化为一个独具特征的地方。神秘感、探索性以及现实的转变是糕点店店主想要表现的，也是设计师想要融入新店中的三大特色。

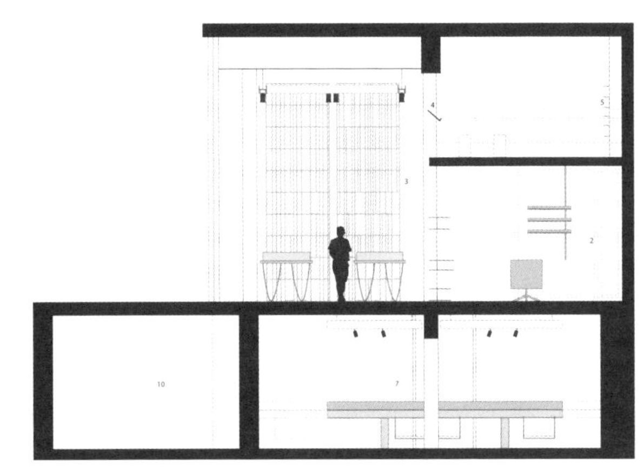

剖面图

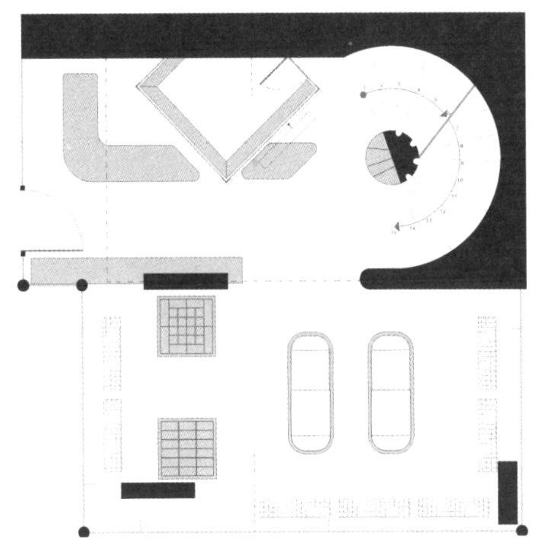

一楼平面图

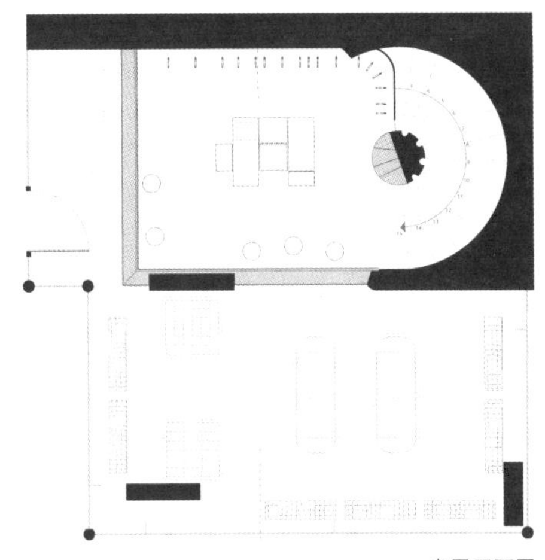

夹层平面图

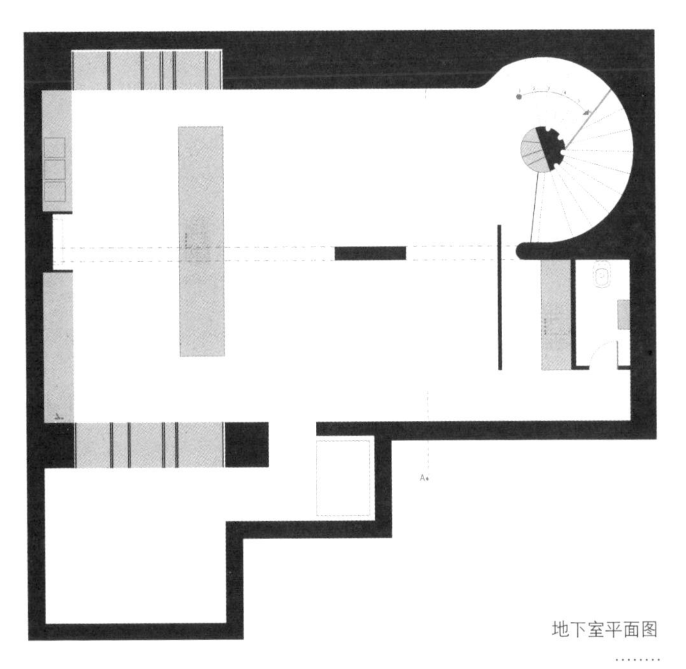

地下室平面图

索引

ideo 建筑公司
P 36
ideoarquitectura.com
info@ideoarquitectura.com

I IN 工作室
P 188
i-in.jp
info@i-in.jp

JHP 设计公司
PP 170, 184
www.jhp-design.com
Eva.L@jhp-design.co.uk

Lamatilde 公司
P 202
matilde.it
yet@matilde.it

MAG 建筑公司
P 148
www.facebook.com/
magarquiteturas
b@bernardodemagalhaes.com.br

Manousos Leontarakis 公司
P 180
www.manousosleontarakis.gr
info@manousosleontarakis.gr

MARG 工作室
PP 44, 94
www.margstudio.info
info@margstudio.com

Martins 建筑事务所
P 228
www.m-ao.pt
i@m-ao.pt

mode:lina ™工作室
P 54
www.modelina-architekci.com
hello@modelina-architekci.com

naturehumaine
P 40
naturehumaine.com
media@naturehumaine.com

odd
P 196
www.odd-space.com
contact@odd-space.com

Open Form 建筑公司
P 156
www.mxma.ca
admin@mxma.ca

OWMF 建筑公司
P 224
owmf.net
owmf@owmf.net

PARAT 公司
P 72
buero-parat.de
info@buero-parat.de

party/space/design 公司
P 174
partyspacedesign.com
info@partyspacedesign.com

Rungta
P 136
www.rungta.jp
haga@rungta.jp

SNARK 工作室
P 166
www.snark.cc
press@snark.cc

STIRIXIS 集团
P 222
stirixis.com
advance@stirixis.com

SKLIM 工作室
P 62
sklim.com
info@sklim.com

Todor Cosmin 工作室
P 152
www.todorcosmin.com
todorcosmin77@gmail.com

TZOKAS 建筑公司
P 24
www.tzokasarchitects.com
atzokas@yahoo.gr

Zemberek 设计公司
PP 100, 104
www.zemberek.org
info@zemberek.org

图书在版编目(CIP)数据

烘焙工坊 / (希) 阿萨纳西奥斯 · 措克斯(Athanasios Tzokas)编；郭庚训译. — 桂林：广西师范大学出版社，2019.1
ISBN 978-7-5598-1446-3

Ⅰ. ①烘… Ⅱ. ①阿… ②郭… Ⅲ. ①烘焙－糕点加工
Ⅳ. ①TS213.2

中国版本图书馆 CIP 数据核字(2018)第 285064 号

出 品 人：刘广汉
责任编辑：肖 莉
助理编辑：孙世阳
版式设计：马韵蕾

广西师范大学出版社出版发行
(广西桂林市五里店路 9 号 邮政编码：541004
网址：http://www.bbtpress.com)
出版人：张艺兵
全国新华书店经销
销售热线：021-65200318 021-31260822-898
恒美印务(广州)有限公司印刷
(广州市南沙区环市大道南路 334 号 邮政编码:511458)
开本：889mm × 1 194mm 1/16
印张：15 字数：240 千字
2019 年 1 月第 1 版 2019 年 1 月第 1 次印刷
定价：158.00 元
